실천적 문제 중심 가정과 수업

- 이론과 실제

실천적 문제 중심 가정과 수업
이론과 실제

초판1쇄 발행 2010년 2월 25일
초판2쇄 발행 2019년 3월 20일

지은이 유태명 · 이수희
펴낸이 이찬규
펴낸곳 북코리아
등록번호 제03-01240호
주소 13209 경기도 성남시 중원구 사기막골로 45번길 14
우림라이온스밸리2차 A동 1007호
전화 02-704-7840
팩스 02-704-7848
이메일 sunhaksa@korea.com
홈페이지 www.북코리아.kr
ISBN 978-89-6324-070-1 93590

값 13,000원

실천적 문제 중심
가정과 수업
– 이론과 실제

유태명 · 이수희 지음

북코리아

머리말 preface

이 책은 학술진흥재단이 지원한 교과교육공동연구 과제 수행의 일부로 제공하게 된 연수 프로그램의 교재를 발전시킨 것이다. 이 연구는 가정과 교사의 혁신역량 강화와 교실수업 능력 향상을 위해 새로운 차원의 연수가 요청되고 있음을 인식해 시작되었다. 또한 질적 연구를 통하여 연수프로그램을 개발, 실행, 평가해 봄으로써 새로운 교육과정의 도입에 대비하고 동시에 가정과 교사의 교수 능력을 강화할 수 있는 질 높은 교재를 개발, 보급하고자 했다.

이 책의 내용구성은 다음과 같다. 1부에서는 실천적 문제 중심 가정과 수업이 기초하고 있는 실천 비판 가정과 패러다임의 주요 개념을 다루었다. 우리나라 교육과정 총론과 가정과 각론을 구성하는 요소에 해당하는 개념을 이론적 기초로 다룸으로써 교사가 실천적 문제 중심 수업을 설계, 개발, 실행하고자 할 때 이론을 토대로 실천할 수 있도록 하였다.

2부에서는 실천적 문제 중심 가정과 수업을 계획할 때의 핵심적인 요소들-수업의 관점 정하기, 실천적 문제 개발하기, 실천적 문제의 상황인 시나리오 제작하기, 실천적 문제 중심 수업에서의 질문 개발하기, 실천적 문제 중심 수업에서의 평가 문항 개발하기 등을 구체적으로 다루었다.

3부에서는 2부에서의 경험을 기초로, 실천적 문제 중심 수업의 핵심 요소들이 전체 수업 과정에서 어떤 역할을 하고 있는지, 수업을 만들어 가는 과정을 통해 실천적 문제 중심 수업을 이해하도록 했다. 특히 2, 3부에서는 교사들이 실제 수업을 개발하고 실행하는 과정에서 훈련을 필요로 하는 부분을 다양한 사례를 가지고 구체적으로 설명하였다.

이 책이 향후 가정과 교사의 자기 주도적인 교수 역량을 높이는 데 활용되어 가정과 수업의 질적 발전에 기여하고, 나아가 연수 전문가 양성 프로그램으로 활용될 수 있을 것으로 기대한다. 그리고 현직 가정과 교사뿐만 아니라, 대학의 가정과교육 전공자, 대학원 석 · 박사생들, 예비교사들에게도 새로운 패러다임의 가정과 수업을 바르게 이해하고 실천하는 데 도움이 되기를 바란다.

2010년 2월

유태명 · 이수희

차 례 Contents

제1부 실천적 문제 중심 가정과 수업의 이해

제3부 실천적 문제 중심 가정과 수업의 실제

제1부

실천적 문제 중심 가정과 수업의 이해

1부에서는 실천적 문제 중심 가정과 수업이 기초하고 있는 실천 비판 가정과 패러다임의 주요 개념을 다루었다. 우리나라 교육과정 총론과 가정교과 각론을 구성하는 요소에 해당하는 개념을 이론적 기초로 다룸으로써 교사가 실천적 문제 중심 수업을 설계, 개발, 실행하고자 할 때 이론의 이해를 토대로 실천할 수 있도록 하였다.

제1장

추구하는 인간상 : 실천적 지혜를 가진 사람

가정과교육에서 추구하는 인간상을 이 책의 서두에서 논의하고자 함은 이 책의 첫 장을 읽는 모든 독자가 각자 전문 활동의 주요 영역이나 임무가 다르다 할지라도 자신의 전문 활동에 기초로 하여야 할 개념이기 때문이다. 교육과정 총론에서 홍익인간의 이념 아래 교육과정이 개정될 때마다 우리나라 교육이 추구하는 인간상은 제시되어 왔지만, 이를 수업설계에 적극적으로 반영하는 교사는 실제로 많지 않다는 점에서 그 역할을 다하지 못하고 있는 것을 부정할 수 없다. 더욱이 가정과교육을 통하여 추구하는 인간상은 명시되어 있지 않기에 각론에 제시된 성격이나 목표를 통해서 유추해 볼 수밖에 없다. 이러한 상황에서 가정과교육 전공자들은 추구하는 인간상을 상정하고 교육, 연구, 봉사의 모든 측면에서 이의 구현에 실제로 기여할 수 있도록 전문 활동을 실천해 나갈 도덕적 책임이 있다.

01 | 개인, 가족, 사회의 관계에 대한 관점

가정과교육에서 추구하는 인간상을 상정하는 작업은 개인으로서의 인간, 가족, 사회, 문화의 구조 속에서 이루어져야 한다. 단순히 '개인은 가족을 구성하며, 가족은 사회를 구성하는 하나의 단위이다'라는 개인, 가족, 사회를 바라보는 관점으로는 깊이 있게 전문 활동을 실천하기 어렵다. 왜냐하면 개인, 가족, 사회는 물리적인 존재 이상으로 가치와 이념, 사람들 간의 관계와 행동, 역사와 문화, 제도와 정치 경제 체계 등과 같은 맥락과 현상 안에 존재하는 본질을 갖고 있기 때문이다. 이에 대해서 Brown(1980, 1993)은 인간의 자아형성 능력과 가족의 교육적 기능, 사회의 자유로운 조건이 모두 상호호혜적인 관계에서 작용할 때 자유로운 인간과 자유로운 사회의 구현이 가능하다고 보았다. Habermas(1984, 1987)는 사람들이 상호작용하는 사적영역과 공론영역의 장인 생활세계에서 의사소통적 실천을 통하여 다른 사람들과 의미 있는 상징적 재생산과정과 자아발달을 이루어 나갈 수 있는 인간상을 제안하고 있다.

02 | 프락시스와 실천적 지혜

두 학자 모두 이론과 실천에 대한 논의를 아리스토텔레스의 프락시스(praxis)[1] 개념과 연계하고 있으므로 고전적 의미의 프락시스를 행하는 사람을 가정과교육에서 추구하는 인간상의 개념으로 제시해 보고자 한다. 아리스토텔레스는 인간의 실천적 활동인 프락시스를 가능하게 해주는 덕을 실천적 지혜(phronesis)라 하였고, 동시에 실천적 지혜라는 덕은 실천적 활동을 통하여 생기기 때문에 둘은 상호호혜적인 관계를 맺고 있다. 이러한 실천적 지혜를 가진 사람을 프로니모스(phronimos)라 하였다. 아리스토텔레스는 지적 덕을 영혼의 사량적 부분과 인식적 부분으로 분류한다. 〈그림 1.1〉과 같이 실천적 지혜는 기술지와 함께 영혼의 사량적 부분으로, 반면에 지혜, 이성, 학문지는 영혼의 인식적 부분으로 분류된다.

실천적 지혜(phronesis)는 라틴어로 prudentia로 번역되어 후에 프랑스어와 영어에서 신중함, 조심성 있음, 용이주도함을 뜻하게 되었다(김

1) 아리스토텔레스가 사용한 그리스어 용어는 우리나라뿐만 아니라 세계 여러 나라의 다양한 용어로 해석되고 있다. 혼동을 피하기 위하여 여러 문헌에서 사용한 용어의 사례를 제시하고자 한다.

인간의 활동과 관련된 용어의 사용

① theoria(테오리아): 관조적 활동(김기수, 1997), 사변적 생활(김태오, 1991), 사색하는 생활(이경희, 1987)
② praxis(프락시스): 실천적 활동(김기수, 1997), 실천(김남희, 2004; 편상범, 1999), 행위(편상범, 1998), 행동(전재원, 1993), 실천적 생활(김태오, 1991)
③ poiesis(포이에시스): 제작(편상범, 1999), 생산적 활동(김기수, 1997), 기술(편상범, 1998), 제작적 활동(김기수, 1997)

지적 덕과 관련된 용어의 사용

① sophia(소피아): 완전지(편상범, 1999), 지혜(최명관, 1984), 이론적 지식(김기수, 1997; 전재원, 1993), 철학적 지혜(김기수, 1997), 논리적 지혜(이경희, 1987)
② episteme(에피스테메): 학적 인식(김기수, 1997; 최명관, 1984), 이론지(박성호, 1990), 학문지(김대오, 2004). 논증지(편상범, 1999), 지혜 또는 지식(이경희, 1987)
③ nous(누스): 직관지(김기수, 1997; 편상범, 1999), 이성(이경희, 1987; 최명관, 1984)
④ phronesis(프로네시스): 실천적 지혜(김기수, 1997; 박전규, 1985; 이경희, 1987), 실천지(김대오, 2004; 김봉미, 1991; 박성호, 1990; 손병석, 2000; 최명관, 1984; 편상범, 1999), 현명함(전헌상, 2005), 실제적 지혜(김현주, 2001), 사려(최명관, 1984)
⑤ techne(테크네): 기술(김기수, 1997), 기술적 생활(김태오, 1991), 기술지(박성호, 1990), 제작지(편상범, 1999)

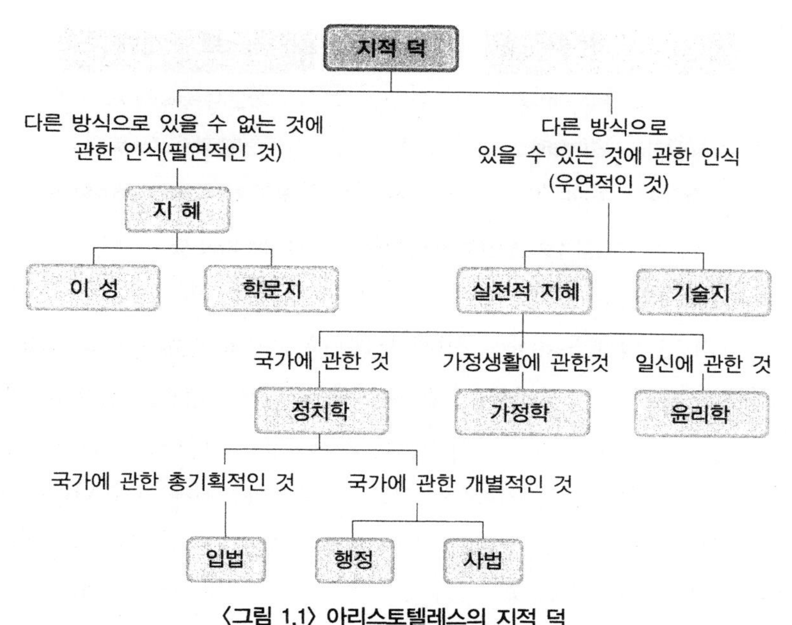

〈그림 1.1〉 아리스토텔레스의 지적 덕

자료 : East(1980), Ross(1949), 최명관(1984).

기수, 1997). 아리스토텔레스 연구의 대가인 Ross(1949)가 practical wisdom으로 번역한 것이 널리 쓰이고 있다(이경희, 1987). 플라톤의 경우 어떤 행동이 올바른 행동인가를 판단하는데 있어서 idea를 인식하는 지혜(sophia)가 주요 역할을 한다고 보았으나, 아리스토텔레스는 실천적 지혜(phronesis)의 역할로 보았다. 이 부분이 실천의 영역을 플라톤과 달리 조명한 아리스토텔레스가 평가받는 부분이다.

여기에서 실천적 활동(praxis), 실천적 지혜(phronesis), 실천적 지혜를 가진 사람(phronimos)은 아리스토텔레스의 덕론에서 어떠한 개념으로 다루어졌는지 살펴보기로 한다.[2)]

---

2) 1장의 내용은 유태명(2007). "아리스토텔레스의 덕론에 기초한 가정과교육에서의 실천개념 고찰을 위한 시론: 실천적지혜(phronesis)와 다른 덕과의 관계에 대한 논의를 중심으로". 『한국가정과교육학회지』 19(2), pp. 13-34의 일부이므로 이 부분에 대한

인간의 삶		지적 덕
관조하는 삶(theoria)	← seeing →	학문지(episteme)
제작하는 삶(poiesis)	← making →	기술지(techne)
실천하는 삶(praxis)	← doing →	실천적 지혜(phronesis)

〈그림 1.2〉 인간의 삶의 영역과 관계하는 지적 덕

아리스토텔레스(NE 1095b)[3]는 인간의 삶을 크게 관조하는 삶(theoria), 제작하는 삶(poiesis), 실천하는 삶(praxis)의 세 가지 유형으로 구분하였다(김현주, 2001). 이러한 활동과 관련하는 지적 덕을 각각 학문지(episteme), 기술지(techne), 실천적 지혜(phronesis)라 하였다. 지혜(sophia)가 이성(nous)과 학문지(episteme)를 합친 것이기 때문에(NE 1141a) 넓은 의미에서 지혜(sophia), 실천적 지혜(phronesis), 기술지(techne)로 보기도 한다(그림 1.1 참조).

Theoria는 관조의 활동 혹은 관조하는 삶으로, 수학, 형이상학, 물리학과 같이 순수한 실재들에 관해 연구한다든가, 자연과 그 내부 요소들의 운동에 관해 연구하는 것을 특징으로 한다(김현주, 2001). Sophia를 가지고 있는 사람(sophos)은 그것을 가지고 진리를 관조한다. 그리스인

확장된 개념을 깊이 있게 이해하기 위해서는 이 논문을 참조.

3) NE는 아리스토텔레스의 〈니코마코스 윤리학〉을 말한다. 이 책에서 아리스토텔레스를 직접인용 한 것은 최명관(1984)를 인용한 것을 밝힌다. 〈니코마코스 윤리학〉을 비롯하여 아리스토텔레스 저작의 페이지 수를 인용하는 두 가지 방식을 사용하고 있다. 최명관(1984, 27)은 "하나는 19세기 프랑스의 그리스어 학자 디도(Didot)에 의한 것으로 영국의 편찬자들과 주석자들이 이에 의거한다. 또 하나는 베커(Bekker)가 편찬한 프로이센 학술원판에 의거하는 것이다"라고 설명하고 있다. 예를 들어 베커판에 의거하여 Ethica Nicomachea IV, 3. 1139b 31-34라고 표기한 것은 〈니코마코스 윤리학〉 제4권 3장의 1139페이지 오른쪽 칸 31-34줄을 가르킨다. 한 페이지는 두개의 칸으로 나누어 왼쪽은 a, 오른쪽은 b로 나누어 표기하고 있다. 대부분의 참고문헌에서와 마찬가지로 이 책에서도 베커판 인용 방법에 의거하였다.

에게 theoria는 자유인이 철학하는, 사색하는 삶이었고, 아리스토텔레스는 관조를 인간이 할 수 있는 최선의 활동으로 간주한다. 이 활동은 영원하고 불변적인 것을 대상으로 하며 자족성과 즐거움이 가장 많은 활동이다(김기수, 1997). Theoria는 본래 구경꾼, 방관자를 의미하는 것으로 특별히 숭고한 생활방법과 연결된 것으로서 참으로 자유스러운 인간이 지향하는 바를 의미했다(Lobkowicz, 1967; 이경희, 1987 재인용).

Poiesis는 제작적 활동 혹은 제작하는 삶이며, 기술이나 공학처럼 이미 정해진 모종의 이론이나 이치를 따라 무엇인가를 만들어내는 삶이다(김현주, 2001). Poiesis는 techne의 안내를 받아서 그 결과로 어떤 것이 생겨나게 하는 활동이며, 그 활동의 목적은 사전에 알려져 있다. 즉 일종의 도구적 활동으로 내재적 목적을 갖지 않는다. 그러므로 poiesis는 모종의 목적을 달성하기 위해 정해진 이론이나 절차를 따르는 생산적 활동이다(김기수, 1997).

Praxis는 실천적 활동 혹은 실천하는 삶으로 정치나 교육과 같이 인간을 위해서 좋은 것과 나쁜 것에 관해 숙고하고 이를 실현하는 활동이다(김현주, 2001). 그리스인에게는 정치하는 활동을 의미하였고, Carr(1995; 김현주, 2001 재인용)는 윤리적으로 숙고된 행위라고 표현하였다. Praxis는 poiesis와 마찬가지로 모종의 목적을 성취하기 위한 활동이나 poiesis의 그것과 달리 어떤 대상이나 결과물을 생산하는 것이 아니라 오히려 그것은 도덕적으로 가치 있는 선을 실현하는 행위이다(김현주, 2001). 그러므로 목적이 행위 안에 내재되어 있다. Machintyre(1984; 김현주, 2001 재인용)는 아리스토텔레스가 praxis에 관계하는 phronesis를 그 어떤 덕보다도 중요하게 취급하고 있다고 주장한다. 아리스토텔레스에게 있어서 좋은 삶은 바로 praxis와 다른 것이 아니었기 때문이다. Praxis는 바로 phronesis를 실천하는 삶이므로 phronesis는 인간의 좋은 삶을 구성하는 핵심적인 요소로 인식되었다.

03 실천적 지혜를 가진 사람

가정과교육에서 추구하는 인간상으로 실천적 지혜를 가진 사람을 상정하기 위하여 잠정적으로 가정과교육에서의 praxis의 개념을 제시하고자 한다. 가정과교육에서 praxis는 "개인 및 가정생활에서 도덕적으로 실천하는 행동, 개인 및 가정생활에서 숙고를 통해 선을 구체화 또는 실현하는 행동, 혹은 개인 및 가정생활에서 최선의 선을 추구하는 좋은 삶"(유태명, 2007 : 22)의 의미로 보고자 한다.

실천적 지혜를 가진 사람(phronimos)의 특성은 아리스토텔레스가 "자기 자신에게 유익하고 좋은 것에 관해서 잘 살필 수 있는 것"(NE 1140a)과 "인간을 위해서 좋은 것과 나쁜 것에 관해서 참된 이치를 따라 행동할 수 있는 상태"(NE 1140b)라고 한 것에서 찾아 볼 수 있다. 아리스토텔레스에게 실천적 지혜의 출발점은 공통의 것이 아니라 나에게 좋은 것이었다. 그러나 폴리스 공동체의 구성원으로서의 개인은 공동체 없이 생각될 수 없으므로 공통으로도 좋은 것을 의미한다. 나에게 가장 좋은 것이 공통으로 좋은 것이 되기 위해서는 공동체 의식에 대한 기본 소양을 키우는 도덕의 문제가 근본적으로 제기된다. 참된 이치 즉 logos는 말을 세운다는 뜻으로 근거를 제시하고 해명함을 말하며, 말을 세울 상대자를 요구하고 전제한다. 근거지움이란 이미 알고 있는 것을 자기화하는 과정으로 근거지우는 것에 대한 지식을 전제한다(김봉미, 1991). 실천적 지혜를 가진 사람은 도덕적 관점에서 자기의 실천적 상황의 특수성을 보는 사람이며, 언제나 이에 근거하여 행동하는 사람이다(김기수, 1997).

전재원(1993, 19)은 아리스토텔레스가 의미한 실천적 지혜를 가진 사람에 대해 "자기가 무엇을 행할 것인가에 대해서 이성적으로 판단하는 사람, 실천적 문제들에 대한 답을 이성적으로 탐색하는 사람, 이성적 탐색의 대상은 목적을 위한 수단이기 때문에 이미 목적에 대한 참된 파악을 하는 사람"으로 해석하였다. 김현주(2002)는 실천적 지혜를 가진 사람의 특성으로 숙고를 한다는 것과 윤리적 품성을 소유하는 것으로 보았다.

가정과교육이 실천교과임을 가정한다면 가정과교육을 통해서 학생들을 phronimos로 교육시킬 것을 제안하는데, 그러기 위해서는 가정과교육에서의 phronimos는 어떤 특성을 가지고 있는지 구체적으로 제시하는 것이 필요하다. 그 이유는 아리스토텔레스가 "실천지(실천적 지혜)는 특히 자기의 한 몸에 관계되는 지혜로 여겨지고 있는데 실상 이 실천지는 다른 여러 가지 것에도 공통되는 일반적인 명칭이다. 이밖에 이 명칭으로 불리 울 수 있는 것은 첫째 가정, 둘째로 입법, 셋째로 정치인데, 이 마지막 것에는 행정과 사법이 있다."(NE 1141b)라고 하여 이 모든 분야에서 실천적 지혜의 특성과 역할은 같은 것으로 보았기 때문이다(그림 1.1 참고).

가정과교육을 통해 지향하는 실천적 지혜를 가진 사람(phronimos)은 "개인 및 가정생활에서 일어나는 실천적 문제의 구체적 상황에서 자신뿐만 아니라 모두를 위해 최고의 선을 구체화하는 행동(praxis)을 할 수 있는 사람이다. 이때 개인 및 가정생활에서 최고의 선인 모두의 안녕이란 무엇인가와 이것을 위한 최선의 행동은 무엇인가에 대한 참된 파악을 할 수 있으며, 올바른 이치에 따르고 심사숙고-선택 · 결정-실천의 과정을 통하여 praxis에 이를 수 있는, 즉 개인 및 가정생활에서 잘 행동하고 잘 사는 것을 지속적으로 유지할 수 있는 사람"(유태명, 2007 : 24-25)으로 보고자 한다. 여기에서 실천적 지혜를 가진 사람은 실천적 지혜를 발현할 수 있는 여러 영역 중에서 "개인 및 가정생활에 관한 것, 자신에게뿐만 아니라 전체를 위한 도덕적 행동, 보편적 상황뿐만 아니라 구체적 혹은 개별 상황이라는 실천적 영역에서의 행동, 인간의 최고의 선인 행복을 위해 가정과교육에서의 궁극 목적인 모두의 안녕을 실현하는 것, 안녕에 도달하기 위한 수단을 파악하는 것, 좋은 것과 나쁜 것에 대한 도덕적 판단과 지적 활동에 기초한 행동, 행동의 지속성이라는 특성"(유태명, 2007)을 가진 사람으로 해석할 수 있다.

제2장

성격 : 비판과학 관점에서의 실천

01 비판과학 관점의 가정교과교육학

가정교과교육에서 실천의 개념은 교과의 성격, 목표, 교수 · 학습방법, 평가 등 교육과정 체계의 모든 요소와 깊은 관련을 맺고 있다. '가정교과는 실천교과이다'라는 것이 국가수준 교육과정(교육인적자원부, 2007a)에 명시되어 있지만, 가정교과교육에 몸담고 있는 교사교육자와 교사는 그 본질을 여러 가지로 해석하고 실행하고 있다. 이는 교과 내부로부터의 문제를 야기할 뿐만 아니라 타 분야에서 가정교과교육을 해석하는 관점도 제각기 달라서 국가수준 교육과정 총론을 개발할 때마다 어김없이 교과군의 편성 및 운영상에 적합하지 못한 조치를 면치 못하고 있다. 이는 가정교과교육의 학문적 발전이나 교육현장에서의 내실화에 큰 장애로 작용하고 있다. 이와 같은 문제는 우리나라 교육과정사를 통하여 가정과목이 실업교과군의 명칭으로 편제되어 왔고, 겉으로 나타나는 교과의 이미지가 지적 활동과 유리된 기술적 실습 중심의 실천교과로 보이기 때문일 것이다.

유태명(1992)은 비판과학 관점의 가정교과교육 철학을 소개하였다. 그 이후 실천교과를 기존의 기술과학 관점에서 해석하는 것에서 탈피하여 비판과학 관점으로 해석하는 학자들의 철학이 호응을 얻기 시작하였고, 실천비판 패러다임에 기초한 학위논문이 50여 편에 이르는 연구 성과가 축적되고 있다. 최근 전국의 각 시 · 도 가정교과연구회의 활동도 실천적 문제 중심 교육과정 연구에 중점을 두고 있는 연구회가 많다는 것이 파악되었다.

이는 우리나라만의 경향이 아니고 전 세계적인 추세로 2008년 세계가정학회 100주년 학술대회에서 재천명한 가정학 성명서(International Federation for Home Economics, 2008)에서와 National Association of State Administrators for Family and Consumer Sciences Education(2008)에서 개발한 미국 국가수준 가정과 교육과정 기준(이후 미국 가정과 국가기준)에 명시된 바와 같이 가정교과는 실천 비판적 성격을 가지며, 그 목표는 생활세계의 사적 영역인 가정생활에 국한하지 않고 생활세계의 공론 영역을 포함하여 지역사회 및 직장생활 영역에 걸쳐 기술적, 해석적, 해방적 행동체계를 구축하고 유지할 수 있도록 전문성을 발휘하는 것으로 상정하고 있다. 또한 실천적 문제 중심 교육과정과 과정 지향적 교육과정을 그 특징으로 제시하고 각 내용기준별로 과정 질문을 개발하여 제시하고 있다. 최근 개정된 일본의 중학교 기술 · 가정교과의 학습지도요령(일본 문부과학성, 2008)에서도 가정교과의 실천적 학습활동과 문제해결과정이 강조된 바 있다. 새로운 학습지도요령에 대한 해석을 위하여 비판과학으로서의 가정교육학을 옹호한 Brown(1980)의 가정교육철학이 소개되고 있다.

02 실천의 사상사적 의미

사상사적으로 실천의 개념은 다양하게 변화해 왔으며, 현재 우리가 일상적으로 사용하는 실천의 개념도 다양한 맥락에서 차이를 보이고 있다. 일찍이 Brown(1993)은 아리스토텔레스, 토마스 아퀴나스, 마키아벨리, 무어, 홉스, 칸트, 헤겔, 막스, 하버마스에 이르기까지 사상사적으로 실천의 개념을 검토하고 가정학과 가정교육학에서 의미하는 실천의 개념이 어떻게 변화해왔는지 분석한 바 있다. 특히 가정학과 가정교육학에서 '실천적'(practical) 개념이 '기술적'(technical) 개념으로 왜곡되는 과정을 밝힘으로써 가정학 방향에 대한 자성을 촉구한 바 있다.

실천(praxis)은 사상사에서 어떤 개념이었나?[4])를 살펴보는 것은 우리가 현재 가정교과교육에서 사용하는 실천의 의미와 어떤 공통적인 면이 있는지 혹은 어떤 다른 면이 있는지를 가늠하게 해주기 때문에 의미있을 것이다. Habermas(1973)는 그의 저서 *Theory and Practice*에서 다음과 같이 사상사에서의 실천 개념을 분석하였다.

1 고전적 실천 개념

고전적 실천학에서 실천(praxis)은 첫째로, 선을 목적으로 하는 윤리적 행동으로 보았다. 아리스토텔레스의 실천철학의 과제는 도덕적으로 올바른 행동을 통해서 선을 증진시키는 방법에 대한 지식의 추구에 있었다.

4) 사상사적 실천 개념에 대한 해석을 위하여 철학분야의 Habermas(1973, 1979, 1984, 1987), 교육철학분야의 김태오(1989, 1991, 2006), 가정교육분야의 Brown(1993)을 중심으로 정리하였음을 밝힌다.

둘째로, 실천(praxis)은 사회 정치적 공동체 안에서 추구되는 정치적 활동이다. Praxis는 정치와 윤리의 내적 연관성 가운데서 수행되는 인간 활동으로 보았다. 셋째로, 실천(praxis)은 실천적 지혜(phronesis)에 연결된 활동이다. 그러므로 상황에 대한 신중한 사려성이다(김태오, 2006: 86). 이에 대해 Habermas(1973)는 윤리성, 정치성, 신중성으로 표현되는 고전적 실천(praxis)의 개념에 과학성의 결여라는 한계가 있다고 지적하였다.

2 근대적 실천 개념

근대적 실천(praxis)은 첫째로, 규범적 요소와 단절된 활동이었다. 근대에 와서 실천(praxis)은 고전적 실천학에서 강조해온 윤리성은 간과되고 그 어떤 수단도 권력유지나 생존보호란 유일한 목적의 달성을 위해서 정당화 되었다. Machiavelli와 Moore 모두 규범성 문제에는 소홀하여 실천(praxis)은 더 이상 선하고 바른 삶이란 윤리적 규정에 구속받지 않았다.

둘째로, 실천(praxis)은 기술적 유용성을 추구하는 활동이었다. 근대 사상가들은 도덕적 조건이 아닌 생존이란 실제적 조건에 대해 묻는다. Machiavelli와 Moore는 아리스토텔레스가 독립적 영역으로 다루었던 실천(praxis)과 제작(poiesis)의 벽을 허물고 실천적 지혜에 기술자적 확실성을 부여하였다.

특히 Machiavelli는 사려 차원의 실천 영역에 기술을 도입함으로써 권력을 확보 유지하는 일이 가능하다고 보았다. Hobbes는 실천(praxis)을 과학적 이론으로 자리매기기 위해 Bacon의 과학신봉에 충실하면서 Galileo가 자연 운동을 탐색하는 것과 같은 방식으로 사회관계의 메커니즘을 탐구하였다(김태오, 1991 : 154-155). Hobbes에게 과학은 인간에게 최상의 필수품이어서 그에게 실천(praxis)은 엄밀한 과학적 방법으로 접근 가능한 유용성을 추구하는 활동이었다. Habermas(1973)는 근대적 실천(praxis)의 개념은 과학적 방법으로 사회관계를 규명하려고 한 것이나 규범성을 무시하고 기술 영역과의 구별이 허물어진 문제점을 갖고 있다고 지적하였다.

3 하버마스의 실천 개념

하버마스는 고대 실천 개념에서의 과학성 결여와 근대 실천 개념에서의 규범성 무시의 한계를 극복하기 위하여 의사소통적 실천을 통하여 규범적 방향성과 과학적 엄밀성을 조화시켜 상호대립을 해소하고자 하였다(김태오, 2006).

첫째, 규범적 방향성은 의사소통에 관여하는 언어 행위로부터 보장된다고 보았다. 모든 언어 행위에는 이해도달이라는 개념이 내재되어 있고 이해에 도달하려는 것은 기본적으로 규범적 개념으로 파악되기 때문이다. 하버마스는 이해를 통한 이성적 합의를 지향하는 의사소통적 실천에 규범적 의미를 부여하였고, 이상적 담화 상황과 타당성 주장에 의해서 규범성이 확보된다고 보았다.

이상적 담화 상황(Ideal Speech Conditions)은 의사소통이 외적인 영향과 강제에 의해 방해받지 않는 상황을 말한다. Habermas(1979)는 이상적 담화 상황에서 모든 담화 참여자들은 "① 다른 사람의 의견을 경청하고 그에 답변하려는 개방성을 가지고, ② 자기 자신이나 타인을 속일 의도를 가져서는 안 되며 토론의 상대자를 판단력 있고 성실한 주체로서 인정하고 동등한 인격으로 대해야 하며, ③ 토론과정에서 제기된 질문에 대해 어떤 금기도 적용되어서는 안 되고 누구든지 질문에서 제외되는 특권적 불가침권이 허용되어서는 안 되고, ④ 인종적 선입견이나 계급적 선입견에 의해 다른 사람에게 말을 막기 위한 수단을 사용하면 안 된다."(김재현, 1996 : 33)는 조건을 제시하였다.

타당성 주장(Validity Claims)이란 말과 행동의 합리성을 확보하는 근본적 방법으로서 비판과 논의를 통해 대립된 주장을 정당화하는 의사소통 과정이다. Habermas(1984)는 모든 의사소통에 참여하는 사람들은 다음과 같은 세 가지 타당성 주장을 하게 된다고 한다. ① 진리[Truth claims, 그리고 효율성(Effectiveness claims)], ② 정당성(Normative legitimacy claims), ③ 진솔성(Truthfulness authenticity claims)이 그것이다.

즉, 첫째로 말하는 명제의 내용이 외부의 객관적 실재에 비추어 참이라는 진리 주장, 둘째로 그렇게 말하는 것이 사회적 규범에 비추어 정당하다는 정당성 주장, 셋째로 자신의 표현이 내면적 의도를 정직하게 말한 것이라는 진솔성 주장을 의미한다.[5] 이전의 문헌에서 Habermas (1979)는 자신의 말이 타인이 이해할 수 있는 의미 있는 것이라는 이해가능성 주장(comprehensibility claims)을 포함하였었는데, 이는 타당성 주장이라기보다는 모든 성공적인 의사소통에 있어서 다른 세 가지 타당성 주장의 전제로 간주하였다.

둘째, 엄밀성은 '근거제시'와 '비판가능성'의 원리에 입각하여 토의로써 보편타당성을 확보하는 사회과학적 또는 비판 과학적 방법론을 가리킨다. Habermas(1984)는 Theory of argumentation(논증이론)을 제시하여 의사소통행위의 엄밀성을 인지적으로 확보하고자 하였다. 논증이란

5) 김태오(2006)는 발화자의 입장에서가 아니라 청자의 입장에서 타당성 주장을 다음과 같이 설명하였다: "이해가능성은 상대방이 말하는 내용을 이해할 수 없을 때 정확히 무슨 뜻인지 알기 위해서 제기된다. 진리성은 말한 내용이 사실인지를 확인하고자, 정당성은 어떤 행동과 진술이 규범적으로 적절한지 검토하며, 진솔성은 말하는 사람의 발언의 성실성을 문제 삼는다. 효율성은 주어진 상황에서 행동계획과 규칙이 목적을 이루는데 적절한지 다룬다(p.91)."

경쟁적인 타당성 주장들을 논의(argument)와 논술과 담론(discourse), 비평(critique)를 통하여 입증하거나 비판하는 담화유형이다.

이상에서와 같은 이상적 담화 상황과 최대한 가까운 조건에서 타당성 주장을 통해 말과 행동의 타당성(규범성)을 확보할 수 있다. 동시에 논쟁을 통하여 타당성 주장을 검토함으로써 엄밀성을 확보할 수 있다.

Habermas(1984)의 타당성 주장과 논증 형태와 관련된 제 측면은 〈표 1.1〉과 같다.

〈표 1.1〉 타당성 주장과 논증 형태[6)]

타당성 주장	타당성주장이 관계하는 세계	문제 삼는 표현	논증형태	구체화된 지식의 종류
명제의 진리	외부 관찰이 가능한 객관적 세계	인지적	이론적 논술	경험적 · 이론적 지식
도구적 행동의 효과성	외부 관찰 가능한 세계	도구적	이론적 논술	기술적 · 전략적 지식
행동 규범의 정당성	대인관계의 사회적 세계	도덕적, 실천적	실천적 담론	도덕적 · 실천적 지식
표현의 진솔성	주관적 경험의 내적 세계	평가적, 표현적	치료적, 심미적 비평	심미적 · 실천적 지식

자료 : Habermas(1984).

6) 이 표는 Habermas(1984)에 제시된 3개의 표(논증의 유형, 언어적으로 매개된 상호작용 유형, 행위 합리성의 제 측면)의 항목을 선별하여 이 부분의 논의에서 다룬 개념들의 이해를 도모하기 위한 목적으로 1개의 표로 재구성한 것이므로 이 표를 문맥의 설명 없이 그대로 인용하는 것은 하버마스의 의도를 잘못 전달할 수 있음.

03 ‘실천’ 개념의 왜곡

실천의 개념은 사상사적으로 변화하면서 누구나 보편적으로 사용하는 의미가 공유되지 않은 것이 현실이다. 그렇기 때문에 실천의 개념이 어떤 의미로 사용했는가에 대한 설명이 없이는 혹은 문맥을 통하여 파악하지 않고는 이해하기 어렵다. 우리가 ‘가정교과는 실천교과이다’라는 주장을 펼 때에도 각자는 윤리성과 규범성이 강한 고전적인 의미로, 규범성이 무시되고 기술성, 유용성이 강조된 근대적 개념으로, 의사소통을 통하여 자아 형성 발달과 사회 합리화를 이루고자 하는 비판과학 관점의 의사소통적 실천의 개념으로 사용하고 있을 것이다.

앞서 고전적 실천의 개념은 현재에 이르기 까지 복잡한 양상으로 변화해 온 것을 보았다. 그 대표적 양상은 첫째, praxis와 poiesis의 벽이 무너지면서 생기는 실천과 기술 간의 문제점(Brown, 1993), 둘째, 실천을 과학적 이론으로 접근하면서 실천적 영역이 제대로 다뤄지지 않는 실천과 이론 간의 문제점(Habermas, 1971, 1973), 셋째, cause-consequence의 과학이론이 means-ends의 기술적 유용성을 위해 차용된 이론과 기술 간의 문제점(Brown & Paolucci, 1979)으로 나타난다.

위의 첫째 문제는 가정과교육 현실에서 가장 두드러지게 나타나는 문제로 실천적 성격의 가정과목과 기술적 성격의 기술과목이 ‘기술 · 가정’ 한 과목으로 병합되는 교육과정 편제상의 문제를 야기한 바 있다. 실제 가정과교육 전공자들도 실천을 기술적 실천의 개념으로 사용하고 있는 경우를 흔히 볼 수 있다. 이러한 문제에 대해 Brown(1993)은 가정과교육의 역사를 통하여 ‘실천적’(practical) 개념이 ‘기술적’(technical) 개념으로 왜곡되어 온 과정을 분석한 바 있다. 가정과 교육과정과 가정과 수업에서도 실천적으로 다루어야 할 내용도 기술적으로 다루는 사례를 빈번하게 찾아볼 수 있다.

둘째 문제는 가정과교육만의 사례는 아니지만 실천적 영역에서 규범적 행동과 관련하여 다루어야 할 부분에 대부분 가치중립적인 과학 이론을 제시하는 것에 그치거나, 실천적 영역을 경험 · 분석 과학적 방법만을 사용하여 규명하려는 문제이다. 이와 같은 문제는 19세기부터 만연한 사회적 진화론(social darwinism), 실증주의(positivism)나 과학신봉주의(scientism) 등에 의해 크게 영향 받은 것으로 Brown(1985), Habermas (1971, 1973)에서 자세히 다루고 있다. 그동안의 교과서는 물론이고 실천적 추론 능력을 기르도록 제안된 2007년 개정 교육과정에서의 가정과 교과서를 살펴보아도 실천적 문제로 다루는 것이 적합한 내용도 제목만 실천적 문제로 제시되고 실제 본문내용의 대부분이 사실적 지식과 개념적 지식으로 구성된 것을 파악할 수 있다.

셋째 문제는 이론이 상실되고 기술이 대체되는 문제이다. Cause-consequence의 과학 이론, 원리, 지식이 정확히 제시되어야 할 부분조차도 means-ends의 목적을 달성하는 도구적-기술적 수단으로 변용되어 다루어지는 문제이다. 예를 들어 가정과 수업에서 조리의 과학적 원리는 생략되고 조리 방법만 제시된다면 학생들은 시금치를 데칠 때의 조리 원리를 모른 채, 시금치를 뚜껑을 열고 소금을 넣어 데치는 방법만을 익히게 되는 것과 같다. 이와 같은 가정과 수업을 통하여 학생들은 과학적 사고를 신장시킬 수 있는 기회를 빼앗기고 교사가 획일적으로 '이럴 때는 이렇게 하라'와 같은 기술적 행동 지침을 전달받는 것에 그치게 된다. 또한 Habermas(1971)의 비판이론에 제시된 cause-consequence의 설명적 과학이론을 바탕으로 예측과 통제를 목적으로 하는 기술적 합리성은 그 명칭인 technical rationality에서 오는 선입감이나 잘못된 인식도 원인 일 수 있는데 모두 means-ends를 위한 how-to의 합리성으로 국한하여 이해하는 경우가 많다.

반대로 기술이 중요하게 다루어져야 할 부분에 과학 이론만이 제시되는 것도 같은 맥락의 문제이다. 가정과 수업에서 기술을 익히기 위한 실습이 필요한 부분도 과학 이론을 사용하여 설명하는 것으로 대체하고, 실습은 학생 개인의 몫으로 남겨 두는 경우이다. 여러 나라의 과학, 기술, 수학, 공학 등의 과목을 한 개의 과목으로 구성하는 사례가 있다. 이 경우에도 과학, 기술, 수학, 공학의 내용이나 방법이 통합적으로 구성되어 학생들의 생활의 문제를 과학 기술적 소양으로 해결하는 데에 시너지 효과를 거둘 수 있도록 개발해야지 과학이 기술을 대체하거나 기술이 과학을 대체하여서는 안 될 것이다. 우리나라의 발명 관련 내용도 기술과와 과학과에서 각각 다루는데 기술과와 과학과에서 발명을 다루는 관점이 다르므로 그 독자성이 효과적으로 반영되도록 다루어야지 동일 내용과 동일 방법을 적용하는 것은 바람직하지 않다.

이상의 논의는 실천과 이론, 실천과 기술, 이론과 기술의 통합이 바람직하지 않다는 의미가 결코 아니다. 오히려 통섭이 화두가 되는 최근 학문 발달의 경향을 보더라도 각각의 본질이 제대로 구현되고 역할을 다하면서 통합을 추구해 나가는 것은 바람직하다. 이 책에서도 실천적 문제 중심 가정과 수업의 이론과 실제의 통합을 지향하기 때문에 1부에서는 실제 가정과 수업의 실제에 토대로서 필요한 이론을 제시하고 있으며, 2부와 3부에서 이론에서 의도하는 바를 구현하고자 많은 예시를 제공하고 있는 것이다.

〈그림 1.3〉은 실천이 기술 혹은 이론의 개념으로, 이론이 기술 개념으로 왜곡되어온 과정을 표현 한 것이다. 도식화가 담론을 간략하게 축소할 위험성이 항상 존재함에도 불구하고 실천 개념의 왜곡이 가정교과의 성격에 미치는 부정적인 영향에 대한 이해를 도모하기 위한 의도로 제시하였다.

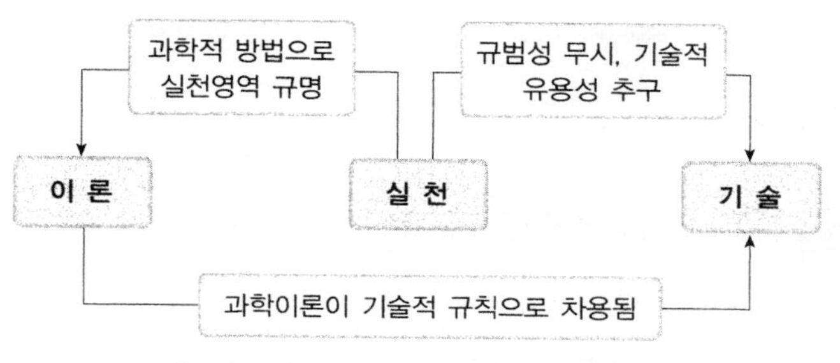

〈그림 1.3〉 이론, 실천, 기술 개념의 변화

실천과 기술, 실천과 이론, 이론과 기술 개념이 모호해진 과정을 거치면서 실천학문 분야인 가정과교육의 성격을 규명하는 작업도 실천 개념의 복잡한 양상이 그대로 반영되어 혼란을 겪고 있다. 이는 그대로 교육과정 개정 때마다 가정과의 편제나 교육과정 개발에 직접적으로 영향을 미치며, 현장에서 가르치는 가정과 교사와 대학의 교사교육자들의 전문 활동에도 도움을 주지 못하는 결과를 초래하였다.

비판과학 관점에서 볼 때 Brown과 Paolucci(1979)가 제창한 가정학의 사명인 "가족이 자아형성을 성숙하게 하고 사회적 목적과 그를 이루기 위한 수단을 모색하는데 적극적으로 참여하도록 이끄는 세 행동체계를 구축 · 유지할 수 있게 하는 것"에 잠정적으로 하버마스의 의사소통적 실천의 개념이 가정과교육에서 지향하는 실천의 개념화에 기여하는 것으로 평가된다. 앞으로도 우리나라 상황에서의 실천의 개념화 과정을 통하여 어떠한 실천의 개념이 이 시대를 살아가는 또한 미래를 살아갈 청소년과 가족들에게 가장 타당한가를 주장하는 실천적 담화가 지속적으로 이루어져야 할 것이다.

제3장

목표 : 세 행동체계

01 가정생활을 바라보는 새로운 관점 : 세 행동체계

2007년 개정 교육과정에서 "나와 가족을 이해하고 실천을 통하여 가정생활에 필요한 기본 자질을 함양하여 가정생활에서 직면하는 생활의 문제를 해결하고 바람직한 가정생활 문화를 창조할 수 있는 소양을 기른다." (교육인적자원부, 2007a)라는 가정생활 영역의 목표를 제시하고 있다. 이를 달성하기 위해서는 나와 가족에 대한 지식뿐만 아니라 나와 가족을 사회문화 환경 글로벌 맥락에서 이해할 수 있어야 하며, 직면하는 가정생활의 문제가 무엇인지 파악하여야 하며, 문제를 해결할 수 있는 역량을 길러야 가능하다. 이와 같은 역량이 있는 청소년들은 가정생활 문화를 창조할 수 있는 바람직한 '가치를 둔 목표'를 이루어 갈 수 있게 될 것이다.

여기에서 가정생활을 가족생활, 의식주생활, 소비생활 등으로 보는 관점을 취할 수도 있겠지만, 실제 가정생활이 가족, 의식주, 소비생활로 분절되어 있지 않다. 더더욱 가정생활은 가족, 의식주, 소비생활에 국한되어 있지 않아서 가정생활을 포괄적으로 다룰 수 없다. 게다가 국한된 범위 내에서라도 실제 가정생활을 영위한다는 관점에서 다루어 스스로 사고하고 판단하는 과정을 통하여 가정생활 문제를 해결할 수 있는 역량을 길러주어야 하는데, 가족, 의식주, 소비에 관한 사실적 지식의 암기나 흔히 바람직한 행동을 처방하는 방식으로 다루어 왔던 문제가 있다.

가정생활을 가족, 의식주, 소비생활에 국한하여, 서로 분절된 대상으로, 또한 관련 지식과 기능습득에 치중하여 접근하는 가정생활을 보는 관점으로는 갈수록 다양하고 복잡한 양상을 보이는 이 시대에 대중이 가정교과의 가치를 발견하게 하기에는 역부족이다. 즉, 변화하는 가정생활의 장에서의 청소년들을 위한 교육으로서 가정 교과의 중대한 가치를 제대로 드러내기 어렵다. 따라서 이에 대한 변화를 꾀하지 않고는 필수교과로서의 위상까지 위협받게 된다. 이런 문제의식으로부터 4장 4절에서 종래의 학문 혹은 개념 중심 교육과정에서 실천적 문제 중심 교육과정으로의 패러다임 전환이 필요한 정당성을 다루며, 바로 이 책에서 주장하는 방향이다.

변화를 꾀할 하나의 대안으로 가정생활을 Brown과 Paolucci(1979)가 제창한 가정학의 사명에 제시된 '행동체계'로 보는 관점을 취할 것을 제안하고자 한다. Brown과 Paolucci(1979)는 교과내용이 생활의 상황과 연계될 때 고등사고 능력이 더욱 증진될 수 있다고 보았다. Costa와 Liebmann(1997, NASAFACS, 2008 재인용)은 교과내용(content)과 과정(process)이 함께 사용될 때 효과적으로 학습될 수 있음을 주장하였다. 이러한 점을 고려해보면 가정생활을 세 행동체계로 보는 관점은 ① 가정생활을 가족, 의식주, 소비생활에 국한하지 않고, 또 분절적으로 다루지 않으며, ② 교과내용이 생활과 유리되지 않고 생활을 영위하는 과정 중의 행동에 관한 것이며, ③ 교과내용과 사고과정을 통합할 수 있다는 점에서 시대적 요청에 부응하는 타당한 관점이라고 평가한다.

02 교육과정 구성 틀의 요소로서의 세 행동체계

가정학의 역사를 통하여 가장 영향력 있고 인용이 많이 된 문헌은 미국가정학회에서 Brown과 Paolucci에게 의뢰하여 개발하도록 요청한 *Home Economics: A Definiton*임이 분명하다. 가정교육 전공자의 필독서로서 변함없이 1순위를 지키고 있다. 이 문헌에서 행동체계의 개념이 소개된 이래 가정학/가정과교육의 사명이나 목표에 행동체계가 핵심 개념으로 포함되었고, 여러 사례에서 실천적 문제를 해결하는 과정에 하나의 요소로 작용했다. Brown과 Paolucci(1979 : 23)가 제창한 가정학의 사명은 다음과 같다.

> 가정학의 사명은 개별적 단위로서 그리고 일반적으로 사회적 기관으로서의 가족들로 하여금 ① 개인의 자아 형성을 성숙하게 하고, ② 사회적 목표와 목표를 달성하기 위한 방법들을 비평하고 형성하는 데에 깨인 의식으로 협동적으로 참여하도록 이끄는 세 행동체계를 스스로 이루고 유지할 수 있는 능력을 기르도록 하는 데 있다.

최근 외국 동향을 살펴보면 '가정생활의 세 행동체계를 잘 이뤄나가는 것'을 핵심 개념으로 가정학의 사명, 임무, 목표 등에 제안한 경향을 파악할 수 있다. 몇몇 주요 사례는 다음과 같다.

세계가정학회(International Federation for Home Economics)는 2008년 창립 100주년 기념 국제대회에서 가정학 성명서, *Home Economics in the 21st Century*를 발표하였다. 성명서에서 21세기 가정학의 비전을 제시하였는데, 가정학의 학문분야, 성격, 영역, 핵심 차원, 명칭, 가정학의 영향력, 다음 10년의 방향에 대한 입장을 표명하고 있다. 이 중에서 가정학 분야의 모든 전문인들은 최소한 가정학의 세 필수 차원(dimension) 혹은 구성 요소(ingredient)에서 반드시 전문 분야의 임무를 실천해야 한다고 하였다. 세 필수 차원에는 첫째로 매일의 생활에서 개인과 가족의 기본적인 필요와 실천적 관심사에 주력해야 하고, 둘째로 여러 학문에서 종합한 지식, 과정, 실천적 기능을 통합해야 하며, 셋째로 가족의 안녕을 증진하고 개인, 가족, 지역사회를 옹호하기 위해 비판적/변혁적/해방적 행동을 취할 수 있는 능력을 갖추어야 할 것이 포함된다(IFHE, 2008).

미국에서는 1990년대에 들어서서 국가 수준에서 각 교과마다 교육과정 기준을 개발하기 시작하였는데, 가정 교과의 경우도 National Association of State Administrators for Family and Consumer Sciences Education(NASAFCS)에 의해 1998년 처음으로 국가기준이 개발되었고, 2008년에 제2기 국가기준이 개발되었다. 미국 가정과 국가기준은 세 행동체계(3장), 실천적 문제 중심 교육과정(4장)과 실천적 추론(5장)의 핵심 개념을 중심으로 하는 Brown과 Paolucci의 관점이 수용된 것을 명시하였고, 사회의 시대적 요구를 반영하여 과정 지향 교육과정(process-oriented curriculum)으로 개발된 배경을 제시하였다. 과정 지향 교육과정으로 개발하기 위하여 미국 국가기준에서 취한 방법으로 첫째, '행동을 위한 추론' 기준(reasoning for action standard)을 개발하여, 추론과정 자체를 독립적 교육내용으로 다루거나, 16개의 가정교과의 내용영역을 다루는 과정으로 활용하도록 제시하였다. 둘째, 내용기준별로 12개의 과정 질문(process question)을 개발하였는데 과정 질문의 틀은 한축으로는 세 행동체계와 다른 한축으로 네 과정영역(process area)의 이차원적 구조로 이루어 졌다. 과정질문은 학생들이 해결되어야 하는 맥락적 문제를 중심으로 구조화된 내용에 대해 사고하고 추론하고 반사 숙고하도록 설계되었다. 과정질문은 학생들이 내용기준과 관련하여 의미 있는 해석을 하고 반사 숙고하는 것을 도와준다. 이러한 두 가지 방법 중에서 '행동을 위한 추론' 기준에 대해서는 5장에서 자세히 다루기로 하고, 이 장에서는 세 행동체계가 어떻게 과정 질문의 한 축으로서 구성되는지 살펴보자.

실천적 문제 중심 교육과정은 비판과학 교육과정 관점을 기반으로 하고, "우리는 무엇을 해야 하는가?"의 질문에 초점을 두고 있다. 이러한 질문은 국가기준에 포함되어 있는 과정 질문을 이끌어낸다. 과정 질문은 교사가 특정한 교수 목적을 위한 질문을 개발하는데 사용하는 하나의 모델 역할을 한다(NASAFCS, 2008). 한 개의 내용기준별[7] 3 행동체계 × 4개 과정의 2차원 틀에 의해 총 12개 질문을 개발하여 제시하고 있다. 세 행동체계는 도구적-기술적 행동, 해석적-의사소통적 행동, 비판적-해방적(반사숙고적) 행동이며, 네 과정 영역은 사고 과정, 의사소통 과정, 리더십 과정, 관리과정이다.

미국 가정과 국가기준에서 '1.0 진로, 지역사회와 생활의 관계' 학습영역의 내용기준 '1.1 개인, 가족, 진로, 지역사회, 글로벌에서의 다중의 역할과 책임을 관리할 수 있는 전략을 분석한다.'에 사용되는 과정 질문 사례를 〈표 1.2〉에서 살펴보도록 하자.

7) 미국 가정과 국가기준은 '학습영역(내용영역)－포괄적 기준－내용기준－역량－기초학습능력－과정질문－시나리오 샘플'의 요소로 구성되었다.

'1.0 진로, 지역사회와 생활의 관계' 학습영역의 구조

(Area of Study 1.0 Career, Community and Life Connection)

포괄적기준 (Comprehensive standard)

가족, 일, 지역사회 장에서의 다중의 생활 역할과 책임을 통합한다.

내용기준 (Content standards)

① 개인, 가족, 진로, 지역사회, 글로벌에서의 다중의 역할과 책임을 관리할 수 있는 전략을 분석한다.

② 학교, 지역사회, 직장에서 전이될 수 있고 고용될 수 있는 기술을 나타낸다.

③ 지역사회에서 개인과 가족 참여의 상호 호혜적 영향을 평가한다.

역량 (Competencies)

① 개인과 가족에 영향을 미치는 직장과 지역사회의 지역 및 세계적 정책, 이슈와 경향을 정리한다.

② 사회적 · 경제적 · 기술적 변화가 직업과 가족의 역동성에 미치는 효과를 분석한다.

③ 개인의 진로의 목적이 모든 가족 구성원의 목적을 충족시킬 수 있는 가족의 능력에 영향을 미칠 수 있는 방법을 분석한다.

④ 일과 가족생활의 조화를 위한 진로 결정의 잠재적 가능한 효과를 분석한다.

⑤ 모든 가족 구성원을 위한 평생 학습과 여가 기회를 위한 목적을 규정한다.

⑥ 개인, 가족, 진로 목적을 달성하는데 필요한 지식과 기능을 얻는 경로를 포함하여 생애계획을 개발한다.

기초학습능력 (Academic proficiencies)

1. 언어과목

① 읽기과정과 전략 안내 혹은 상대적으로 짧고 정보, 안내, 개념, 어휘의 제한된 영역으로 된 과제를 위한 전략을 적용한다.

② 구체적 과제를 수행학기 위해 지식 기반과 기술적 교재를 포함한 다양한 정보 원천에 대한 능력을 보여준다. -중략-

2. 수학과목

① 정수, 혼수, 분수, 십진수의 덧셈, 뺄셈, 나누기, 곱하기

② 속셈으로 정수의 덧셈, 뺄셈, 나누기, 곱하기

〈표 1.2〉 내용기준 '1.1 개인, 가족, 진로, 지역사회, 글로벌에서의 다중의 역할과 책임을 관리할 수 있는 전략을 분석한다.'를 위한 과정질문 사례[8)]

과정영역	행동의 유형		
	기술적 행동 (Technical Action)	해석적 행동 (Interpretive Action)	반사숙고적 행동 (Reflective Action)
사고 과정 (Thinking Processes)	직장, 가정, 지역사회를 위한 정책을 개발할 때 어떤 요인이 고려되어져야 할까?	어떻게 지도력이 가족에, 진로에, 지역사회에 통합될 수 있을까? 어떤 요인이 직장에서의, 지역사회에서의 동향에 영향을 미치는가?	생애 계획를 개발하는데 사용된 준거를 어떻게 가족, 진로, 학습, 여가와 지역사회를 반영하는가에 기초하여 평가해야 할까?
의사소통 과정 (Communication Processes)	어떻게 가족과 개인이 직장에서의 경향의 영향력을 다룰 수 있는가?	가족의 매우 중요한 이슈와 관련된 정책을 결정하는 돕기 위해 어떤 기준이 사용되어야 할까?	만약 어떤 사람이 가족, 진로, 학습, 여가, 지역사회 목적을 반영하는 생애계획을 설계하지 않을 것을 선택했다면 어떤 파급효과가 있을까?
지도력 과정 (Leadership Processes)	직장에서의 전략을 개발하는데 알 필요가 있는 어떤 지도력 기술이 필요한가?	어떻게 지역사회는 지도력 기능을 개발할 수 있는가? 직장에서 개인과 가족의 필요를 다루는 전략을 개발하기 위해 우리는 무엇을 할 수 있는가?	어떻게 생애계획에 대한 지속적인 평가와 개선이 개인, 가족, 진로, 지역사회의 안녕에 대한 비전을 지원할 것인가?
관리 과정 (Management Processes)	어떻게 가족, 직장, 지역사회 이슈가 가족의 동향에 영향을 주는가?	어떻게 관리자가 직장에서 매우 중요한 이슈와 관련된 정책의 개발에 대한 고용인 반응을 평가할 수 있을까?	어떻게 우리는 가족, 진로, 학습, 여가, 지역사회 목적을 반영한 생애 계획을 개발하는 최선의 방법을 결정하는가?

자료 : NASAFACS(1998: 37-39).

8) 제2기 가정과 국가기준은 내용기준까지 개발되었고, 과정질문은 현재 개발 중에 있다. 여기서는 제1기 가정과 국가기준(NASAFACS, 1998: 37-39)에서 발췌하여 제시하였다.

이춘식, 최유현, 유태명(2002)은 실과(기술 · 가정) 교육목표 및 내용체계를 제시한 바 있다. 가정과 부분에서는 세 행동체계를 하나의 축으로, 개인, 가족, 사회, 문화의 관점, 가정생활과 일의 조화, 고등사고능력을 또 다른 하나의 축으로 각 내용기준별로 질문을 개발하여 제시하였다. 우리나라 가정과 가족생활 영역을 위해 개발한 '1.4.1 가족, 직장, 지역사회에서 가족구성원과 타인을 배려하고, 가족구성원과 타인과의 관계를 유지하는 데 도움이 되는 방법을 익힌다.' 내용기준의 사례를 제시하면 다음의 〈표 1.3〉과 같다.

〈표 1.3〉 '가족생활' 영역을 위한 과정질문 사례

내용구성의 중점	행동 체계		
	기술적 행동	의사소통적 행동	해방적 행동
개인, 가족, 사회, 문화의 맥락	학교, 직장, 지역사회에서의 인간관계는 어떤 관계인가?	인간의 욕구와 인간관계에 대한 기대를 분석하는 것은 학교, 직장, 지역사회에서의 긍정적인 인간관계에 어떻게 도움을 줄 수 있는가?	학교, 직장, 지역사회에 존재하는 권력은 무엇이며, 영향력을 행사하는 권력을 어떻게 해결해야 하는가?
가정생활과 일의 조화	가족, 직장, 사회에서의 인간관계를 위하여 어떻게 리더십을 향상시킬 수 있는가?	가족, 직장, 사회생활에서 일어나는 갈등이 생기는 원인은 무엇이고, 갈등을 해결하는 것이 인간관계에 어떻게 도움을 줄 수 있는가?	가족, 직장, 사회에서 양성평등을 저해하는 요인은 무엇이며, 양성평등을 실현하기 위하여 해결해야 할 점은 무엇인가?
고차적 사고와 행동	가족, 직장, 사회에서의 인간관계를 위하여 어떤 의사소통 기법을 활용 하여야 하는가?	생각, 감정, 욕구를 알고 표현하는 것이 인간관계에 어떻게 도움을 줄 수 있는가?	지역사회에서 배려하는 인간관계를 구축하기 위하여 우리는 무엇을 해야 하는가?

자료 : 유태명(2006a : 86).

미국 오리건 주 중학교 교육과정(Oregon Department of Education, 1996a)에서도 가정생활의 행동체계는 교육과정 구성 틀의 중요한 한 부분이다. 오리건 주 중학교 교육과정에서는 〈그림 1.4〉에서 보는 것처럼 가족의 역할을 '인간 발달 양성', '물질적 요구들 충족', '가족/지역사회 생활을 위한 교육과 사회화' 로 상정하고, 세 행동체계를 잘 이루는 것을 통하여 가족의 역할을 수행할 수 있도록 네 개의 실천적 문제로 구성하였다.

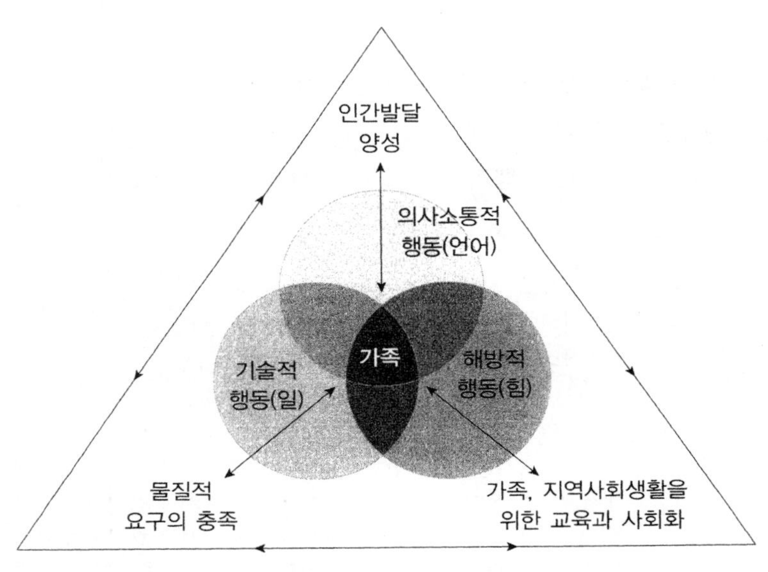

〈그림 1.4〉 가정생활에서 가족의 역할과 행동유형

자료 : Oregon Department of Education(1996a). *Family & consumer studies curriculum for Oregon middle schools*.

03 세 행동체계의 이론적 기초

Brown(1980)은 개인과 가족이 직면하고 있는 실천적 문제를 다루는 데 있어서 핵심이 되는 세 행동체계 개념을 제시하였는데, 도구적-기술적 행동, 해석적-의사소통적 행동, 비판적-해방적 행동이 그것이다. 미국 가정과 국가기준에서는 기술적, 해석적, 반사숙고적 행동의 용어로 사용한다(NASAFCS, 2008).

행동체계의 개념은 Habermas(1971)의 *Knowledge and Human Interest*에서 지식을 인도하는 인간의 근본적인 인지적 관심의 개념과 함께 그의 지식 이론을 구성하는 주요한 개념으로 제시되었다. Habermas(1971)는 인간이 어떻게 지식을 개발하고 어떻게 지식을 알아나가는 가에 대한 그의 인식론을 지식을 인도하는 인간의 근본적인 인지적 관심(knowledge-guiding fundamental cognitive human interest)의 개념으로 시작한다. 이러한 근본 관심에는 ① 인간 생존을 위한 자연 현상을 예측하고 지배하고자 하는 기술적 관심, ② 인간 공동체의 유지를 위한 인간 상호간의 이해와 합의를 이루고자 하는 의사소통적 관심, ③ 이성적 행동과 자아성찰을 통하여 인간의 자주성과 이상적 사회 조건을 궁극적 목적으로 하는 해방적 관심이 있다. 이러한 관심에 의해 질문이 생성되고, 기술적 관심에 의해 경험 · 분석 과학이, 해석적 관심에 의해 역사 · 해석 과학이, 그리고 해방적 관심에 의해 비판 과학이 유도된다. 각각에 상응하는 행동의 규칙에 의해 기술적 행동, 의사소통적 행동, 해방적 행동이 이끌어 진다.

〈표 1.4〉에 제시된 일련의 관심-질문-행동 규칙-행동 유형에 대한 세 과학 패러다임은 매우 다양한 분야의 연구에서 이론적 틀로 활용되었다. 경험 · 분석과학, 해석 과학, 비판과학 관점은 Schubert(1986)의 교육

〈표 1.4〉 Habermas의 Knowledge and Human Interest

인간의 관심	기술적 관심	의사소통적 관심	해방적 관심
질문의 종류	어떻게 그 목표를 달성할 수 있는가?	우리는 어떤 목표를 추구해야 하는가?	우리는 어떤 행동을 해야 하는가?
행동의 근거	X를 달성하기 위해 Y를 행함	언어의 규칙, 사회적 가치와 규범	자유에 대한 도덕적 가치, 기술적 규칙, 언어의 규칙, 사회적 가치와 규범
행동의 유형	이전에 정해놓은 것을 달성하기 위한 기술적/목적적 행동	사회 규범에 대한 합의를 가능하게 하는 원만한 의사소통을 위한 상호작용	자아반성, 신념, 행동, 사회구조에 대한 비판; 인간의 자주성을 위해 필요한 행동
가치에 대한 관점	모든 가치는 개인의 감정적인 반응임	가치는 개인이나 문화와 관계가 있음	어떤 행동을 할 것인가에 대한 실천적 담론에서 이성적 검토를 가능하게 해줌
과학의 종류	자연과학, 경험 · 분석 과학	역사 · 해석 과학	비판 과학
궁극적인 목적	예측과 통제	인간 경험에 대한 통찰, 이해의 공통성 제공, 합의에의 달성	사회적 삶의 근원에 대한 비판적 깨달음, 자아 반성, 이성적인 행동과 자기 결정을 위한 해방
사회적 조직	일(Work)	상호작용(Interaction)	힘(Power)
논 리	• 통제와 획일성의 원리 강조 • 경험적으로 검증 가능한 법칙과 같은 명제를 중시 • 가치중립적 지식을 상정 • 객관화시킬 수 있는 지식 • 효율성이나 경제성 중시 • 사회 실재를 있는 그대로 수용	• 이해와 의사소통의 상호작용 강조 • 인간을 지식의 능동적 창출자로 간주 • 일상생활의 토대 내면에 있는 가정과 의미를 탐색 • 실재를 역사적 · 정치적 · 사회적 맥락에서 공유되고 간주관적으로 구성되는 것으로 간주 • 언어 사용을 위한 의미에 관심	• 이데올로기 비판과 실천의 필요성을 전제 • 억압적이고 지배적인 것을 폭로 • 허위허식에 대한 감수성을 요구 • 왜곡된 개념과 부단한 가치를 문제로 부각시킴 • 탐구가 기초하고 있는 가치체계와 정의 개념을 검토하고 설명

자료 : Habermas(1971); Hultgren(1982); Schubert(1986).

과정 패러다임뿐만 아니라 Brown(1980)의 가정과교육 패러다임의 기초가 되어 비판과학 가정과 패러다임과 같은 용어를 사용하게 된 이론적 배경을 제공하였다.

04 | 가정생활에서의 세 행동체계

앞서 1절에서 가정생활을 가족, 의식주, 소비생활로 보는 관점에서 가정생활을 행동체계로 보는 새로운 관점이 요청된다고 하였다. Brown (1980)은 전자와 같은 관점은 사고와 행동의 관계를 제대로 설명하는데 실패했다고 비평하면서, 사고는 행동하는 근거를 제공하므로 행동을 취하는 데 포함된 합리성을 파악하는 것이 중요하다고 하였다. Staaland와 Strom(1996)은 가족은 세 가지 합리성에 근거하여(표 1.4의 기술적 · 의사소통적 · 해방적 합리성 참조) 서로 관련되고 상호의존적인 기술적 행동, 의사소통적 행동, 해방적 행동을 취한다고 보았다.

1 기술적 행동

기술적 행동은 가족이 생존을 위해서 특정한 목표를 이루기 위해서 매일의 생활을 영위하는데 필수적인 물질적 필요를 충족시키고 환경적 조건을 통제하기 위하여 경험과학적 지식을 바탕으로 행해지는 행동으로, 생활의 질 향상에 기여하는 바가 크다. 그러나 많은 경우 방법적인 행동의 형태를 보인다. 기술적 관심은 과학적 탐구과정을 통하여 원인과 파급결과(cause-consequences)를 예측하고 통제하기 위한 것으로 가정생활에 필요한 지식과 이론을 제공해준다. 그러나 실제 가정생활에서 이러한 지식과 이론은 과학적 탐구과정이 생략되고 과학적 탐구결과에 의존하여 매일의 생활에서 수단과 방법(means-ends)을 강구하는 how-to의 처방적 성격의 규칙과 같은 형태로 전환되어 행동의 기초로 제공된다. 예를 들어 의복의 관리 행동 중에서 세탁의 원리에 제시된 과학적 지식은 드러나지 않고 빨래하는 how-to 방법으로 익히게 되는 경우에서 찾아 볼 수 있다. 이렇게 기술적 행동을 취하는 사람들은 어떤 직물로 만들어진 의류는 어떤 원리와 이론으로 왜, 몇 분간, 어느 온도에서, 어떤 방법으로 세탁하는 것이 필요한지 알지 못한 채, 울 스웨터는 세탁기의 울 코스로 어떤 세재를 사용하여 세탁하는가의 방법을 행하게 된다. 이와 같이 기술적 행동은 어떤 행동을 하기 위한 과학적 근거를 제공한다는 점에서 인간의 생활에 기여하는 바가 큰데, 가정과교육에서 이론을 기술로 기술을 방법으로 단순화시키는 우를 범하는 경우가 많다(그림 1.3 참조).

가정과 교육과정에서 기술적 행동의 대표적인 내용이 과학적 이론과 지식을 제공하는 청소년의 발달 특성, 임신과 출산, 영양소의 종류와 기능, 섬유의 종류, 디자인의 원리, 식품군과 식단구성, 채광과 통풍 등의 내용이 있다. 기술적 방법의 형태로 전환된 피임법, 성폭력에 대처하는 방법, 체형에 적합한 옷차림, 한복 입는 법, 재활용 방법, 청소, 간식 만들기, 내 방 꾸미기, 생활 용품 만들기 등 셀 수 없이 많은 내용이 있다. 의사소통적 행동으로 다루어야 할 '의사소통'의 내용은, 2장에서 실천의 개념에서 논의한 의사소통의 본질과 다른, 기술적 행동으로서의 의사소통 기법으로 다루고 있다. 나-전달법의 사례를 보면 나-전달법의 구성 요소와 단계를 구체적으로 설명하고 연습하도록 대부분의 교과서가 연습 문제의 공간을 제공하고 있다.

Staaland와 Strom(1996)은 가족들이 기술적 행동을 기르기 위해 배워야 하는 지식, 기술, 태도의 예로 ① 가족들이 목표에 도달하는 것을 도울 수 있는, 이용 가능한 자원들을 확인하는 것, ② 가족들이 어떻게 기술적 정보, 방법, 도구들을 사용하는가를 설명하는 예를 제시하는 것, ③ 가족의 물질적 욕구를 만족시키고 가족환경을 향상시킬 수 있는 방식을 확인하는 것을 들었다.

2 의사소통적 행동

의사소통적 행동은 언어적 비언어적 의사소통을 통하여 가족 구성원 서로의 의도, 믿음, 신념, 가치, 목표, 태도 등을 이해하고, 어떠한 목적을 추구할 것인가와 무엇을 해야 하는가에 대한 진정한 합의에 이르고자 하는 인간 상호작용이다. 가정 내에서 의사소통적 행동을 통하여 부모와 자녀 관계, 부부 관계, 형제 자매 관계에서 뿐만 아니라, 다른 가족과의 관계, 이웃 및 지역사회에서의 다른 사람과의 관계에서 서로의 생각과 가치, 감정 등에 대해 나눔으로써 상대방을 깊이 이해하고 의견의 합의에 도달하게 된다. 또한 인간 경험에 대한 통찰을 할 수 있게 되고, 현상을 보는 안목을 기르게 된다. Thorsbakken과 Schield(1999)는 의사소통적 행동을 통하여 가족원들의 추론 능력이 개발되고 사용되며, 가치관, 태도, 습관이 형성되고, 사회적 관계 또한 배우게 된다고 하였다.

그러나 의사소통적 행동에 대해 잘못 이해하기 쉬운 부분이 있는데, 이해에 도달하고자 하는 궁극적 목적으로 하는 것을 단지 용어나 개념에 대한 인지적 이해에 대한 것이면 무조건 의사소통적 행동으로 생각하는 것이다. 예를 들어 '영양소의 기능을 이해한다.'라는 학습목표는 기술적 행동을 목표로 하는 것임에도 단지 '이해한다'라는 동사가 있음으로써 의사소통적 행동을 위한 것으로 생각하는 것을 들 수 있다.

Habermas(1984)는 오랜 기간 동안 의문시 되지 않았던 가치나 규범 등이 문제시되는 시점에 이르게 되고 사람들은 의사소통을 통하여 서로의 생각과 믿음을 나누고 서로를 이해하게 되고 새로운 가치와 규범을 만들어 나가는 '생활세계의 합리화 과정'(rationalization of lifeworld)을 이루어 나간다고 보았다. 의사소통 체계를 통하여 생활세계의 구성 요소인 인간, 사회, 문화의 재생산 과정을 통하여 각각의 사회화, 사회 통합, 문화 재생산의 기능을 잘 이루어 나가는 것으로 보았다. 반대로 의사소통체계가 붕괴되면 인간, 사회, 문화의 재생산 과정이 제대로 이루어지지 못하여 인간 차원에서 인간 소외와 병리현상, 사회 차원에서 정통성의 붕괴와 동기 위축, 문화 차원에서 의미의 상실, 전통의 붕괴 현상이 나타난다고 하였다.

Staaland와 Strom(1996)은 가족 구성원들과 학생들이 의사소통적 행동을 배우기 위해 필요한 몇 가지 실제적인 지식, 기술, 태도의 예로 ① 조정하는 활동, 분담하는 활동, 그리고 아이들의 사회화와 관련하여 가족의 의사소통이 중요하다는 것을 설명하는 것, ② 붕괴된 의사소통 체계를 분석하는 것을 제시하였다.

3 해방적 행동

해방적 행동은 다른 두 행동체계에 비해 가장 포괄적인 행동체계로서 기술적 행동과 의사소통적 행동체계의 본질을 포함한다. 사람들은 의사소통적 행동을 통해서 서로 이해하며 합의에 도달한다고 하더라도 여기에 참여하는 사람들이 집단적으로 무엇인가 잘못된 생각을 가지고 있다든가 바람직하지 못한 가치관과 목적을 가지고 있다든가, 편견이나 선입견에 사로잡혀 있을 수도 있다. 혹은 관습이나 충동에 의해 결정을 했을 수도 있다. 또한 규범적 문화적 경제적 정치적 배경이 자유롭게 의사소통에 참여하는 것을 저해할 수도 있다. 이와 같은 상황은 생활세계에서 아주 자연스럽게 생활이라는 관습에 묻혀서 제대로 드러나지 않는 특성을 가지고 있다. 우리 사회에서 남자는 이래, 젊은이는 이래야 해, 그 일은 여자의 몫이야 등과 같이 어떤 특정한 성이나 세대에 대한 고정관념을 가지고 있는 경우도 허다하다. 바로 이런 우리가 평소에 집단적으로 제대로 의식하지 못하는 잘못 생각하는 부분에 대한 비판적 의식이 요구되는 행동이 해방적 행동이다.

해방적 행동을 통하여 사회적 삶의 근원에 대한 비판적 깨달음, 자아 반성, 이성적인 행동과 자기 결정을 위해 자유로워지는 것을 이루려고 한다. 그러나 이러한 목적은 개인이나 가족이 힘을 부여받고(empowered), 깨인 의식이 있으며(enlightened), 자유로운 상태로 자주적이(emancipatory) 된다고 해도 제도나 환경 경제 정치체계가 합리적이지 못할 때는 이루기에 역부족이다. 그러기에 개인의 자아 형성과 자유로운 사회적 조건이 충족될 때 비로소 이루어질 수 있다.

Staaland와 Strom(1996)은 해방적 행동을 위해 가족 구성원들과 학생들이 습득할 필요가 있는 실제적 지식, 기술, 태도로 ① 매일의 생활에서 성찰을 요하는 상황을 확인하는 것, ② 태도, 신념, 사고와 행동패턴을 당연한 것으로 받아들였을 때 어떤 일이 발생할 수 있는지를 설명할 수 있는 것, 그리고 ③ 부모-자녀 관계와 같은, 다양한 매체에 내재된 문화적 가정(assumption)을 확인하는 것을 제시하였다.

4 세 행동체계의 상호관계

세 행동체계는 각각 독립적으로 이루어지기도 하지만 많은 경우 서로 긴밀한 관계를 맺으면서 이루어진다. 예를 들어 해방적 행동에 이르기 까지 다양한 과학 관점으로부터의 지식과 기능이 필요하고, 기술적 행동과 해석적 행동도 동시에 요구되기도 한다. 기술적 행동의 경우도 마찬가지로 다양한 과학 관점으로부터의 지식과 기능이 동시에 고려되어 행해진다. 특히 실제 가정생활을 영위하는 과정에서는 더더욱 그러하다. 가족의 식사를 준비하는 행동은 조리의 원리에 기초하여 음식을 만드는 기술적 행동, 식사를 다함께 하고 음식을 나누는 문화의 의미와 가치를 서로 이해하는 의사소통적 행동, 환경과 생산/유통과정을 고려하여 식재료를 소비하는 행동이나 음식 만들기는 누구의 역할인가에 대한 가사노동의 성역할 고정관념을 바꾸어 나가는 해방적 행동이 동시에 일어나게 된다. 혹은 식품선택이라는 기술적 행동은 신선한 생선을 고르는 방법을 안다거나 포장 용기에 제시된 정보를 파악할 수 있는 행동에 국한되는 것이 아니라 위에 제시된 의사소통적, 해방적 행동에 대한 고려를 기초로 하여 행해져야 하는 것이다.

Staaland와 Strom(1996)은 가족의 행동체계를 상호 관련되고 상호 의존적인 서로 겹쳐진 원으로 설명하였다. 또한 세 행동체계 모두가 가족원들이 자아성숙, 민주 사회의 발전에 공헌하는 일에 필요로 하게 된다고 하였다.

Thorsbakken과 Schield(1999)도 가족들이 행동을 취할 때는, 거의 항상, 세 행동체계를 모두 사용하는 것으로 보았다. 이에 대해 그들은 "가족이 목표를 결정할 때는 기술적 행동을 사용한다. 가족구성원이 목표를 향해 일할 때는, 그들의 의미를 공유하고 명확히 할 필요가 있으며, 또한 그들의 의도, 가치, 태도를 해석할 필요가 있기 때문에 의사소통적 행동을 한다. 이러한 대화 과정에서 가족구성원들은 그들의 편견, 왜곡, 규범, 사실들을 확인하는 해방적 행동을 하게 된다."라고 설명한다. 또한 이러한 대화들은 직선적 과정이 아니어서 한 가족 구성원이 의사소통 행동 체계로 기여할 때, 다른 가족원은 해방적 행동 체계로 반응할 수 있고, 대화는 한 행동체계 안에서만 지속될 필요 없이 세 행동체계 간에 이루어진다고 보았다.

제4장

교육과정 구성의 중심 : 실천적 문제

01 교육과정 개발 관점

교육과정을 개발하는 접근 방법은 다양하지만 시대의 흐름에 따라 주된 접근 방법은 그 시대의 교육과 관련된 제반 이론 및 사회적 · 국가적 요구, 학문적 성격의 변화 등의 교육과정 개발과 관련된 여러 요소로 말미암아 변해오고 있다. Bobbitt(1989)이 지난 수십 년 간 미국 가정과 교육과정 접근 방법을 분석한 바와 같이 1960년대에는 개념 중심 교육과정, 1970년대에는 능력중심 교육과정, 1980년대 이후엔 실천적 문제 중심 교육과정 개발 관점이 주를 이룬 것이 이와 같은 현상을 나타내 보이고 있다.

교육과정 개발과 관련된 이론을 살펴보면 어느 특정 관점의 틀이나 패러다임을 중심으로 개발하는 것이 바람직하다고 보는 견해(Baldwin,

1984; Brown, 1978)가 있는 반면에, 교육과정 이론에만 의존하지 말고 특수한 상황에 따라 구체적인 교육과정 정책이나 실천의 사례로 부터 실제적, 절충적 접근을 하는 것이 바람직하다는 견해(Schwab, 1970; Walker, 1971)도 있다.

전자의 경우 교육에 대한 철학, 교과의 본질, 학습관, 그 시대에 요구되는 사회적 요구와 학생들이 길러야 하는 소양에 대한 일관된 관점에 기초하여 각 교육과정 요소 간에 긴밀성을 유지하여 교육과정을 개발하게 되기 때문에 교과의 성격을 구현하고 교과의 목표를 이루는 것이 용이해진다는 장점을 가지고 있다. 반면에 국가 수준 교육과정의 경우 그 시대의 해당 교과 전공자들이 하나의 관점에 동의하기 어려운 문제와 교육과정 개발에 기초한 관점에 대한 이해가 광범위하지 않을 경우 원래 의도했던 효과를 극대화하지 못하는 단점이 있다.

후자의 경우 특수한 상황에 대한 여러 대안으로부터 절충적 안을 마련하기 때문에 현장 적용에 효과적인 장점이 있으나 교육과정 개발에 참여한 여러 사람이 지속적으로 신념을 나누고 절충안을 마련하는 데에는 한계가 있고 특수한 정책이나 실천 사례를 기초로 하기 때문에 보편적 특성을 갖는 국가 수준의 교육과정 개발하는 데에 기초하기에는 어려운 단점이 있다. 실제로 2007년 개정 가정과 교육과정의 경우 학문 중심 교육과정 개발 관점과 실천적 문제 중심 교육과정 개발 관점을 가진 개발자들의 플랫폼을 나누는 과정이 원활하지 못하여 두 가지 관점이 혼용된 형태의 교육과정이 개발된 결과가 초래되었다(유태명, 2006b).

02 실천적 문제의 본질

Brown(1980)은 가정교육학의 학문적 범주를 나누는 일은 그 분야에 종사하는 사람들이 하는 활동의 측면에서 또는 학문분야로서의 본질 측면에서 이루어질 수 있는데, 이 두 가지 측면 모두 간과하지 않고 명료한 자기 검토 과정을 통하여 가정교육학을 그 분야에 종사하는 사람들이 하는 활동을 고려하여 전문분야(profession)로 또한 학문분야로서의 본질을 고려하여 실천과학으로 상정하였다. 전문분야는 인간과 사회의 제 문제를 개인과 사회에 이로운 방향으로 해결될 수 있도록 전문성을 제공하며 사명 혹은 사회적 목적을 갖는다. 실천과학은 지식의 추구를 주된 목적으로 하는 이론적 학문분야에 대별되는 개념으로 인간과 사회의 문제를 해결하는데 요구되는 개인적 사회적 행동에 관여하는 실천적 학문분야를 의미한다.

가정과교육은 역사적으로 실천과학으로서 개인과 가족의 실천적 문제의 해결에 어떻게 기여할 수 있는지를 중점적으로 다루었다. Brown (1978)은 이러한 가정과교육의 성격에 적합한 교육내용을 항구적 본질을 갖는 실천적 문제를 중심으로 선정 · 조직할 것을 제안하였다. 또한 실천적 문제의 해결에는 경험 · 분석 과학과 해석 과학뿐만 아니라 비판과학의 지식과 방법이 모두 요구됨을 강조하였다.

가장 최근의 가정과 교육과정 동향을 살펴보면 실천적 문제 중심 교육과정 관점은 2008년 개발된 미국 가정과 교육과정 국가기준에 채택되었으며, 과정 지향 교육과정 및 과정 질문(5장 참조)과 세 행동체계(3장 참조)의 개념과 함께 미국 여러 주 가정과 교육과정에 반영되어 있다.

실천적 문제는 우리가 매일의 생활에서 직면하여 해결해 나가는 삶의 구체적 상황에서의 행동과 관련 있는 문제이다. 1장에서 다루었던 관조의 활동(seeing)으로 대변되는 이론적 질문과 구별되는 실천하는 활동(doing)과 관련 있는 문제이다(그림 1.2 참조). 그러므로 어떤 상황에서 나는 (우리는) 어떤 행동을 하여야 하는가?를 다룬다. 여기에서 어떤 상황이라는 의미는 문제가 일어난 배경과 맥락(context)에 따라 해결도 달라져야 함을 가정을 하고 있다. 어떤 행동을 하여야 하는가? 혹은 어떤 행동이 최선의 행동인가?의 의미에는 설정한 가치를 두는 목표(valued ends)를 위하여 A와 같이 행동하는 것이 B와 같이 행동하는 것보다 더 낫다는 가정이 내재되어 있다. 이런 잠정적 결론에 도달하기 위해서는 행동의 도덕적 타당성 및 정당성이 고려된 실천적 판단(practical judgement)이 요구된다. 또 잠정적으로 행동하고자 하는 행동(alternative action)을 취했을 때 (혹은 어떤 행동을 취하지 않는 것이 최선일 경우 행동을 취하지 않을 때) 어떠한 파급효과(consequences)가 나타날 것인가와 최종적으로 우리가 상정한 가치를 두는 목표(valued ends)에 비추어 바람직한가에 대한 추론도 요구된다. 이와 같은 변증법적 사고과정과 판단을 통하여 행동(action)을 취하고, 행동에 대한 반성과 사고과정에 대한 메타 인지적 평가를 통하여 이후에 직면하는 문제를 보다 지혜롭게 해결해 나갈 수 있는 역량을 기르게 된다. 이와 같은 일련의 사고, 판단, 행동과 반성의 과정이 실천적 추론 과정(practical reasoning)이다. 이러한 본질을 갖는 실천적 문제는 가치와 관련된 문제이며, 판단이 요구되는 문제이며, 이미 언급한 바와 같이 행동과 관련된 문제이다.

03 | 실천적 문제와 이론적 문제의 차이

실천적 문제와 이론적 문제는 ① 문제의 맥락, ② 목표의 일반적 - 특수적 수준, ③ 해결의 방법 측면에서 서로 구별된다(Brown & Paolucci, 1979). 첫째, 실천적 문제는 특정한 맥락에서 존재하는 문제이며, 문제의 해결을 위해서 이 특정한 맥락이 고려되어야 한다. A라는 문화에서의 일과 가족생활의 문제와 B라는 문화에서의 일과 가족생활의 문제는 일과 가족생활의 영위라는 항구적 본질을 갖는 문제이지만 A 문화와 B 문화에서의 문제 해결은 다른 양상을 보일 수 있다. 반면에 이론적 문제는 어떤 맥락에 영향 받지 않는 그렇기에 어느 맥락에서나 참일 수 있는 문제를 다룬다. 깎아 놓은 사과의 갈변현상의 원인은 무엇인가와 같은 문제는 구체적 시간, 지역, 문화 등의 맥락과 관계없이 갈변현상이 일어나는 과학적 원인을 탐구할 수 있는 이론적 문제이다.

둘째, 실천적 문제를 다루는 의도는 특정한 상황이나 맥락에서 문제의 해결을 모색하고자 하는 데 목적을 둔다. 반면에 이론적 문제를 다루는 목적은 일반화된 지식을 창출하는 데 있다.

마지막으로, 실천적 문제는 '어떤 행동을 하여야 하는가'에 대한 사고에 기초하여 어떤 바람직한 행동이 취해졌을 때 해결된 것으로 본다. 이론적 문제의 경우 일반화된 진리 진술문(generalized statement)이 생성될 때 해결된 것으로 본다.

이론과 실천의 분리는 개인과 가족의 삶을 의미 있게 영위하는데 뿐만 아니라 가정학 전공자들이 가족을 위해서 전문성을 발휘하는 데 도움을 주지 못하고, 실천적 문제의 해결에 이론적 지식이 고려된 실천이 요구되므로 둘을 분리하여 생각하는 것은 바람직하지 않다. 다만 이론과 실천의 통합이 요구되는 바는 어느 학문분야에서나 마찬가지이지만 주된 임무와 다루는 문제의 본질, 문제를 인식하는 관점, 문제를 해결하는 맥락에 따라 이론과 실천의 비중, 역할, 작용 등이 다르며, 이러한 이유로 학문의 본질을 상정하고 이에 충실하게 수행하는 것이 무엇보다 중요하다.

04 실천적 문제의 시간적 관점

실천적 문제를 다루다 보면 어떠한 추상적 혹은 구체적 수준에서 다루는 것이 적합한 것인가에 대해서 질문을 하게 된다. 미국 여러 주의 사례를 살펴보아도 아주 넓은 개념(broad concepts)을 중심으로 실천적 문제가 제시된 경우도 있고 또 어떤 경우에는 상당히 구체적 개념을 중심으로 실천적 문제가 제시된 경우도 있다. 이런 문제는 실천적 문제에 대한 시간적 관점에 준해 분석해 보면 쉽게 이해할 수 있게 된다. 즉, 넓은 개념을 중심으로 개발된 실천적 문제는 그 본질이 항구적으로 나타나는 문제이기 때문이고, 좀 구체적인 문제는 넓은 개념 아래 어느 특정한 생애 단계에 관한 문제이거나 어느 특정한 가치를 둔 목표(valued ends)와 관련된 문제이기 때문일 것이다. 여기서는 실천적 문제의 ① 세대를 거쳐 반복적으로 일어나는 항구적 본질, ② 개인과 가족 발달의 변화하는 생애 단계에 따라 다른 본질, ③ 문제의 해결이 미래에 기여해야하는 본질을 시간의 관점에서 다루고자 한다.

첫 번째로, 동일한 내용요소를 다루더라도 개별 학문이나 교과는 어느 시간의 관점에서 문제로 다루는가에 있어서 차이가 있다는 점에 대해 알아보자. 먼저, 가정과의 경우 세대가 바뀌어도 혹은 세대 내에서라도 항구적, 지속적, 반복적으로 거듭하여 나타나는 시간적 본질의 문제를 다룬다. 반면에 사회과의 경우 그 특정한 시기에 가장 긴박하게 다루어야 하는 즉시적으로 당면한 시간적 본질의 문제를 다루게 된다. 즉, 가정과에서는 perennial, persistent, recurring 시점의 문제를, 사회과에서는 immediate 시점의 문제를 주로 다룬다.

항구적 본질의 문제는 인간이기 때문에 직면하는 문제이기에 존재 이래 역사적 배경이 중요한 요소가 된다. 우리는 동일한 내용요소를 여러 교과가 다루게 되기 때문에 더욱 교과의 관점과 중점을 잘 파악하는 것이 필요하다는 것을 인식할 필요가 있다(그림 1.5 참조). 마찬가지로 한정된 수업시수로 어떤 문제를 다룰 것인가를 선정하는 원칙을 세우는 것이 필요하다. 답은 바로 인간이라는 존재이기에 반드시 직면하게 되는 항구적 본질의 실천적 문제가 될 것이다. Brown과 Paolucci(1979)는 십대 임신 문제의 사례를 들어 이 문제는 당연히 해결해야 할 즉시적인 개인, 가족, 사회의 당면문제임에는 분명하지만 이러한 문제가 덜 일어나게 하는 데 기여할 수 있는 좀 더 근본적인 항구적 문제는 무엇인가를 생각해보아야 함을 역설하였다. 항구적 본질을 갖는 자아 형성(self-formation) 문제나 자아 존중감 문제를 우선적으로 다루는 것이 필요할 것이다. 아마 식사 습관 문제, 과시 소비 문제, 스트레스 문제 등도 십대 임신과 같은 즉시적 시간적 본질을 갖는 문제에 속하기에 이와 관련된 항구적 본질의 문제는 무엇인가를 검토해 좁혀나간다면 최소 필수 내용요소를 선정하는 국가 교육과정 내용 선정과 조직을 위한 실제적 방법이 될 것이다. 그렇지 않으면 즉시적인 문제에 시간을 할애하다보면 정작 인간 존재이기에 반드시 다루어야 하는 지속되는 문제를 간과하게 된다. 이는 악순환적으로 덜 중요한 또 다른 즉시적인 문제의 발생을 초래하게 된다.

두 번째 시간의 관점은 좀 더 구체적 수준의 실천적 문제가 개인의 생애사와 가족의 주기에 따라 변화한다는 점이다. Brown과 Paolucci (1979)는 각 가족의 주기에 따라 다른 문제에 직면하게 되기 때문에 가족이 가정학의 사명에 제시된 자아형성과 사회적 참여를 하기 위해서는 개인과 가족의 발달적 상태에 따라 실천적 문제의 초점을 인식하는 것이 필요하다고 하였다.

세 번째 시간의 관점은 실천적 문제의 해결이 미래에 기여할 수 있는 문제에 대한 고려이다. 이러한 미래를 고려하는 시간의 관점은 가정학의 사명에 제시된 자아의 형성과 사회적 목표와 목표를 이루기 위한 방법을 찾는데 기여 할 것인가에 대한 판단을 통해서 이루어 질 수 있을 것이다. 즉 실천적 문제의 해결이 자유로운 인간과 자유로운 사회의 형성에 기여할 수 있는 실천적 문제를 다루는 것이 필요하다.

이상과 같은 시간의 관점에 대한 검토는 역사적으로 즉, 과거로부터 현재까지 또한 미래에도 일어날, 항구적 본질을 가진 문제, 개인과 가족 발달의 변화하는 생애 단계에 따른 문제, 문제의 해결이 미래에 기여해야하는 문제의 본질을 고려하여 어떠한 실천적 문제를 선정하여 다루어야 할 것인지에 대한 지침을 제공해 준다. 또한 이러한 시간의 관점을 갖는 실천적 문제의 특성을 고려하여 무엇을 목표로(3장 참조) 어떠한 방법(5장)으로 다루어야 할까에 대해 깊이 있게 생각해 보아야 한다.

05 실천적 문제 중심 교육과정에 대한 논의

미국의 경우 1970년대 이후 현재에 이르기까지 지속적으로 Marjorie M. Brown 등의 가정과교육 철학과 실천적 문제 중심 교육과정에 친숙하지만, 우리나라의 경우 1990년대 초에 소개되기 시작하였기 때문에 그 역사가 상대적으로 짧다. 이에 가정과교육 전공자가 2007년 개정 교육과정에 일부 수용된 실천적 문제 중심 교육과정에 대해 올바로 이해하는 것이 요청된다. 실천적 문제 중심 교육과정에 대한 이해가 부족할 경우 제기될 수 있는 다음의 논점[9]을 중심으로 실천적 문제 중심 가정과 교육과정의 당위성을 찾아보고, 2010년부터 시행되고 있는 새로운 교육과정이 내실 있게 실행될 수 있도록 이해를 도모하고자 한다.

1 실천적 문제 중심 교육과정과 종래의 학문 중심 교육과정에서 다루는 내용요소는 동일한데 왜 새로운 접근방법의 교육과정이 필요한가?

교육내용을 어떻게 선정하고 조직하느냐에 따라, 그 기본이 되는 관점이 무엇이냐에 따라 교육의 경험과 평가의 요소들도 다르게 구성된다. 그렇기 때문에 동일 주제나 내용요소만으로는 교과를 구별할 수 없다. 무엇보다도 실천적 문제 중심 교육과정에서는 수업 중에 문제와 관련된 행동의 대안과 행동의 파급효과, 행동으로 실천하는 부분을 중요하게

9) 이 부분은 유태명(2006b). "실천적 문제 중심 가정과 교육과정의 이해". 『한국가정과교육학회지』, 18(4), pp. 193-206.의 일부이므로 더 많은 논점에 대한 이해를 위해서 이 논문을 참조.

다룬다. 반면에 학문 중심 교육과정의 수업에서는 지식과 이론 위주로 교육내용을 다루고 실제로 행동으로 실천하는 부분은 학생들 스스로 각자 배운 내용을 실생활에 활용하거나 적용하도록 지도하는 데 그치는 경우가 많다. 물론 근래에 수행평가를 활용하여 실천의 경험을 제공하고 평가할 기회는 확대되었지만 충분하다고 보기 힘들다. 또한 실천적 문제 중심 교육과정에서는 문제를 다루는 과정과 그에 필요한 고등 사고 능력을 중요시 하는 반면, 학문 중심 교육과정에서는 지식의 이해와 암기 측면에 중점을 두어 학습의 결과를 중요시한다는 점에 차이가 있다. 그러므로 수업 중에 어느 부분까지 실제로 경험하고 사고할 수 있게 하느냐의 차이를 갖게 되고 이와 같은 수업의 장기적인 축적으로부터 학생의 역량은 달라지게 된다. 원래 Bruner(1964)가 지식의 구조에서 주장한 학문 중심 교육과정에서는, 과학의 예를 들면, 학생들이 과학을 학습할 때에는 과학자들이 탐구하듯이 탐구할 수 있도록 해주어야 한다는 것이었다. 그것이 우리나라의 교육에서 흔히 탐구의 과정이 없이 과학자들이 탐구해 놓은 학문의 이론이나 지식을 전수하는 형식의 수업으로 나타나게 되었다. 이홍우(2006)는 이를 중간 지식의 전달에 그치는 것이라 하여 비판한 바 있다. 또한 교수·학습 과정 중에 문제를 해결해 본 경험을 가진 학생들은 자신의 생활에서 유사한 문제에 직면하게 되면 어디서부터 문제를 접근해야할지, 어떠한 정보를 어디서 얻을지, 어떤 점을 고려하여 판단하여야 할지에 대한 능력이 함양되어 스스로 삶을 살아갈 수 있게 된다.

2 실천적 문제 중심 교육과정은 개념, 원리, 지식, 이론 등을 어떻게 다루는가?

이 질문은 위의 학문중심 교육과정에 대한 논의에서 일부 다루어졌다.

실천적 문제를 다루는 데에는 관련되는 사실정보와 가치정보 모두가 필요하다(Kister, Laurenson & Boggs, 1994). 그동안 가정과에서 주요하게 다루어 왔던 개념, 지식, 원리, 이론은 사실정보의 핵심 요소이다. 왜냐하면 실천적 문제 중심 교육과정은 임의적이거나 편의적, 개인 선호적 생각에 근거하는 것이 아니고 가장 타당하고 정당한 행동의 근거로서 개념, 지식, 원리, 이론의 역할을 절대 간과할 수 없다. 그렇지만 거기에 국한하지 않고 사회적 · 역사적 · 문화적 배경, 생각과 믿음, 가치 등을 모두 고려하여 어떤 행동이 바람직할 것인가를 판단하는 과정을 포함하게 된다. 특히 이 판단과정에서 가치정보를 갖고 개별 문제와 관계되는 가치와 다른 학생들이 가지고 있는 다양한 가치 등을 비교하고 판단의 기준을 세워 가치의 우위를 판단할 수 있게 된다.

3 실천적 문제 중심 교육과정은 기능이나 기술적인 측면을 어떻게 다루는가?

실천적 문제를 다루는 과정을 살펴보면 가정생활의 기술적 행동, 의사소통적 행동, 비판적 행동을 모두 잘 유지해 나가는 것이 매우 중요하다(Brown & Paolucci, 1979; Kister, Laurenson & Boggs, 1994). 여기에서 기술적 행동은 물질적인 욕구를 충족시키는 행동과 합목적적인 행동이기 때문에 실천적 문제 중심 교육과정에서는 가정과에서 다루어 온 기능과 기술적 측면도 중요하게 다루는 것을 알 수 있다. 다만 기술적 행동과 관련된 내용을 다루더라도 기술의 연마나 능란함만을 목적으로 하지 않고 그 활동의 내재적인 가치, 교육적 가치와 의미를 생각할 수 있도록 하는 것이 필요하다. 또한 가정과에서 항구적 본질을 갖는 문제를 다루더라도 시대에 따라 어떤 실천적 문제를 다뤄야 하는 가에 대한 끊임없는 검토를 통해서 요구되는 기능은 달라질 수 있을 것이다.

현재 가정 교과서를 살펴보면, 교과 외부에서 인식하는 것처럼 조리와 재봉, 전통적인 가족 가치관, 가사노동 중심의 관리, 선택 중심의 소비 등과 같은 시대에 뒤떨어지는 내용만을 다루고 있지 않다. 실천적 문제 중심 교육과정에서는 고유한 가정과의 내용과 전혀 다른 내용을 다루기보다는 항구적인 본질을 갖는 의식주, 자원과 소비, 가족의 문제는 변하는 것이 아니므로 각 영역에서 내용의 축소와 추가가 필요한 부분을 고려하여 구성할 수 있다. 상술한 바와 같이 어떤 내용을 다루느냐가 중요한 것이 아니고 어떤 관점에서 어떤 목표를 가지고 어떤 의미를 부여하느냐에 따라 조리나 의복 구성은 달리 다루어 질 수 있다.

4 실천적 문제 중심 교육과정은 가정과의 성격이나 내용은 도덕과나 사회과와 어떻게 다른가?

실천적 문제 중심 교육과정은 가정과가 다루어야 할 문제를 보다 다양한 관점에서 폭넓은 이해를 바탕으로 타당하고 신뢰할만한 근거를 기초로 판단하고 이성적인 행동에 이르게 하는 교육과정이기 때문에 자연히 학문중심 교육과정과 비교하면 폭 넓고 통합적이며 학제적인 접근이 요구된다. 이와 같은 이유로 도덕과나 사회과에서 다룰 수 있는 문제의 일정 부분도 가정과에서 다룰 수 있다. 더 정확히 표현하면 다루는 것이 오히려 바람직하다. 현대사회에서 학문의 영역을 분명히 나누는 것은 불가능해졌는데 그 이유는 개별 학문은 주변 유사학문과 협동적으로 연구하여 그 영역이 조금씩 확대되거나 허물어지고 있으며, 또 다른 이유는 실천적 문제의 속성 상 하나의 학문 분야의 지식이나 이론만으로 해결하기 힘든 경우가 많기 때문이다. 교과의 차원에서도 마찬가지 현상이나 요구가 나타났는데 교과통합형이나 주제통합형 교육과정에 대한 요청이 바로 그것이다. 그러나 우리나라와 같은 국가수준의 교육과정을 개발하고 운영하는 경우 교과통합형 교육과정은 실행하기가 매우 어려운 실정이다. 또한 교과 중복성을 문제로 여겨서 교과 간의 연계되는 내용을 무조건적으로 삭제하거나 해당 교과에 나누는 것도 옳지 않다. 이런 문제를 고려하여 최선의 방법은 동일한 개념, 주제, 교육내용 혹은 문제를 다루더라도 다른 관점, 접근 방법, 중점, 해결방법, 성격과 목적에 따라 교과마다 독창적으로 다룰 때 교과의 역할을 다 할 수 있게 된다. 그렇기 때문에 교과의 성격과 목표를 구현할 수 있는 교육과정 접근방법이나 관점을 갖는 것은 더더욱 중요하다. 특히 가정과와 유사한 혹은 동일한 주제가 분석된 결과를 보더라도 앞으로 가정과의 영역을 잘 지켜나가야 할 책임이 있다. 이 책임은 단순히 교과이기주의적인 발상이 아니고 가정과에서 다뤄야할 문제를 되도록 지킴으로써 가정과의 사명을 다하는 데 기여해야 하기 때문이다. 여러 교과 중에서 가정과와 연계성이 많은 도덕과와 사회과의 성격과 영역의 차이를 〈그림 1.5〉와 같이 도식화해보았다.

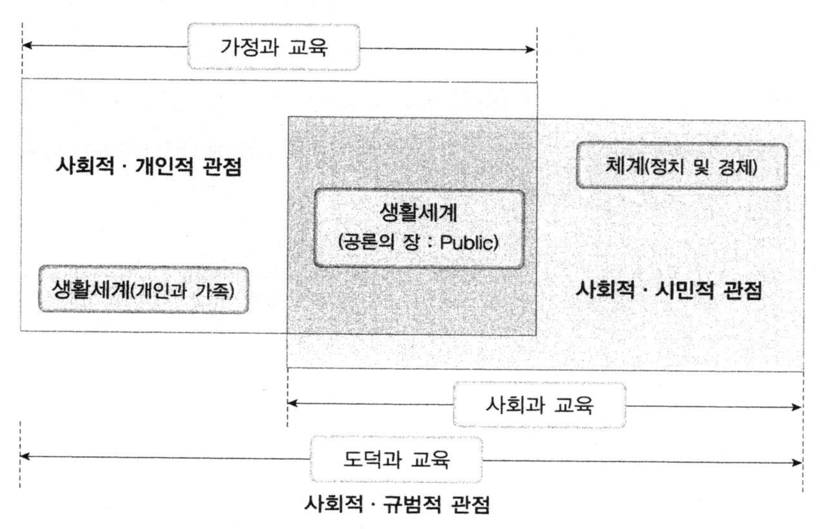

〈그림 1.5〉 가정과, 사회과, 도덕과에서 다루는 영역과 문제를 접근하는 관점

자료 : 유태명(2006b: 203).

이 그림이 표현하는 것은 가정과에서 다루던 가정생활은 사회적 조건에 의하여 끊임없이 영향을 받기 때문에 가정생활의 문제를 제대로 다루기 위해서는 종래 사회과나 도덕과에서 다루는 문제에 대한 검토가 일부 이루어질 것이 요구된다. 또한 가정생활의 범주는 점점 확대되어가고 있고 그 문제의 해결도 가정 내에서만 이루어지는 것이 아니기 때문이다. 결국 가정과의 고유의 영역이었던 의식주, 가족과 같은 생활세계의 사적 영역(생활세계 : 개인과 가족)에 국한할 수 없고 공동체 생활, 시민활동, 지역사회와 일, 사회적 지원체계, 문화 창출과 같은 생활세계의 공론부분의 일부까지 확대되어야 하기 때문이다. 2007년 개정 교육과정의 '생활 설계와 진로 탐색'과 '가정생활과 복지' 대단원의 일부 내용은 여기(공론의 장 : Public)에 속한다고 볼 수 있다. 또한 가정생활에서의 행동은 도덕적으로 타당하며 개인과 가족뿐만 아니라 공공의 선을 추구하여야 하기 때문에 도덕과에서 다루는 문제와도 일부 중복될 수 있다. 다만 사회과(사회적-시민적)와 도덕과(사회적-규범적)의 관점과 달리 가정과(사회적-개인적)의 관점에서 문제에 접근하여야 할 것이다. 그렇지 않을 경우 가정과와 사회과 도덕과의 고유한 교과로서의 당위성을 잃게 되며, 각 교과의 역할을 다하지 못하게 되는 역기능이 나타날 수 있으므로 유의하여야 한다.

제5장

교수·학습 방법 : 실천적 추론

01 우리나라 가정과 교육과정에서의 실천적 추론

우리나라 2007년 개정 기술·가정 교육과정 해설서에서는 개정의 중점으로 실천적 추론 학습이 강조된 점을 들어, "가정생활에서 직면하는 문제를 해결하기 위하여 실천적 추론과정을 적용하도록 하였다."(교육과학기술부, 2008 : 217)라고 소개하고 있다. 실제로 '가족관계' 중단원의 내용부분에서 "가정에서 발생하는 일상적이고 다양한 갈등과 갈등이 일어난 배경이 무엇이고, 이러한 갈등이 가족에 미치는 영향을 여러 측면에서 파악하도록 한다. 그리고 갈등이 일어났을 때 평소 가족 구성원이 대처하는 방법은 어떠했으며, 더 바람직한 대처 방법은 무엇일지 생각해 보도록 하여 갈등을 해결 할 방안을 모색하도록 한다."(교육과학기술부, 2008 : 236)로 해설한 부분에서 실천적 추론이 적용된 점을 명확히 발견할 수 있다. 교수 · 학습에는 "7~10학년 개인과 가정생활의 문제해결과 관련된 단원에서는 무엇을 해야 하는가 등의 질문으로 행동의 방향을 제시하고 지식 기능 가치 판단력을 통합적으로 적용하여 문제를 해결할 수 있도록 지도한다. 특히 문제가 일어난 맥락이나 상황을 고려하여 학습자가 행동했을 때 자신과 타인에게 미치는 영향을 평가해봄으로써 어떤 행동을 해야 하는지와 관련된 합리적인 의사결정을 하도록 지도한다."(교육과학기술부, 2008 : 258)로 명시하여 실천적 추론 과정을 그대로 쉽게 풀어서 쓰고 있다. 2011년 8월에 고시된 2009년 개정 실과(기술 · 가정) 교육과정(교육과학기술부, 2011 : 20)의 교수 · 학습 방법에서도 이와 동일한 내용의 실천적 추론 과정을 제시하고 있다. 뿐만 아니라 교과서 인정기준(교육인적자원부, 2007b)에도 해당 교과서가 실천적 추론 능력을 기를 수 있는 내용과 과제를 포함하는가의 항목이 있다.

02 과정 지향 교육과정에서의 실천적 추론

미국 국가 수준 가정과 교육과정은 실천적 문제 중심 교육과정 관점을 취하면서 동시에 과정 지향 교육과정(Process-Oriented Curriculum)[10]을 제창하고 있다. 교육에서 과정의 필요성은 사회의 요구와 이슈를 반영하여 작성된 1991 SCANS(Secretary's Commission on Achieving Necessary Skills) 보고서에서 강조되었다. 산업 경영계에서는 고용에 필요한 높은 수준의

10) 이 절의 과정 지향 교육과정에 대한 내용은 NASAFACS(2008). *National standards for family and consumer sciences education*.을 참고하여 작성하였음을 밝힌다.

과정 지향적 기반과 역량을 요구하게 하고, 전 세계적으로 기술과 의사소통의 발달, 이와 관련된 사회 문화적 변화는 과정 지향적 지식과 능력을 더욱 더 요구하게 되었다. 급속도로 변화하는 세계의 이러한 상황은 학습자의 정보를 분석하고 사용하는 능력, 다른 사람과 협력하는 능력, 이성적 도덕적 결정을 할 수 있는 능력을 개발하게 하는 교육에 대한 요구를 가중시켰다. 미국 가정과 국가기준이 과정 지향 교육과정 관점을 취한 것은 이러한 사회적 요구를 잘 반영한 것이다.

과정 지향 교육과정의 면모는 과정 기준과 과정 질문[11](3장 참조)의 형식으로 개발되어 내용영역을 다루는 과정으로 활용될 수 있도록 긴밀하게 연계되어 있다. 즉, 내용(content)과 과정(process)의 통합을 꾀하였다. 미국의 가정과 국가기준은 한 개의 과정기준인 '행동을 위한 추론' 기준과 16개 내용영역[12]을 위한 기준을 제시하고 있다. 2008년에서 2018년까지 사용될 제2기 국가기준은 1998년 제1기 국가기준과 동일한 형식과 내용체계를 제시하지만 제1기 국가기준보다 좀 더 정교하게 다듬어진 것이 차이라 할 수 있다. 제2기 국가기준에서 제1기에서와 마찬가지로 과정기준으로 '행동을 위한 추론' 기준을 일부 수정하여 제시하였다. 1998년 기준에서는 추론에서 고려해야할 범위를 자신, 타인, 사회에 그

11) 과정 질문은 3장 2절에서 자세히 다루기 때문에 여기서는 별도로 다루지 않지만 행동을 위한 추론 기준과 함께 과정 지향 교육과정에서의 역할을 담당한다. 내용영역에서 과정 질문이 사용되는 사례 〈표 1.2〉 참조할 것.

12) 16개 내용영역은 다음과 같다.

1.0 진로, 지역사회, 생활의 연관성
2.0 소비자와 가족 자원
3.0 소비자 서비스
4.0 교육과 영유아기
5.0 설비관리와 유지
6.0 가족
7.0 가족과 지역사회 서비스
8.0 식품생산과 서비스
9.0 식품과학, 식이요법, 영양
10.0 관광과 여가
11.0 주거, 실내 디자인, 가구
12.0 인간발달
13.0 인간 상호간의 관계
14.0 영양과 건강
15.0 부모 됨
16.0 직물, 패션과 의류

친 것에 반해, 2008년 기준에서는 자신, 타인, 문화 · 사회, 글로벌 환경으로 확장한 점과, 관심사의 수준을 개인, 가족, 직장, 지역사회, 문화 · 사회, 글로벌 환경의 수준으로 확장한 점을 들 수 있다. 또한 역량에 사용한 동사를 좀 더 실행 혹은 실천을 표현하는 단어를 사용한 점에 차이가 있다.

〈표 1.5〉는 '행동을 위한 추론' 기준의 포괄적 기준, 내용기준과 역량을 제시하고 있으며, 이 기준은 16개의 내용영역을 다루는 공통적인 과정능력으로 활용된다. 그러므로 이 기준을 실천적 추론 수업의 과정을 설계하는 기준으로 삼을 수 있다. '행동을 위한 추론' 기준의 포괄적 기준(comprehensive standard)은 "추론과정을 개인적 혹은 협동적으로 가족 안에서 일터에서 지역사회에서 책임 있는 행동을 하는 데 사용한다."(NASAFACS, 2008)로 제시되었다.

〈표 1.5〉 미국 가정과 국가기준의 '행동을 위한 추론' 기준

내용기준	역 량
1. 자신과 타인을 위한 추론과정을 평가한다.	① 다른 종류의 추론(과학적, 실천적, 인간상호적 추론)을 분석한다. ② 적절한 추론과 부적절한 추론을 구별한다. ③ 적절한 추론의 요건을 설정한다. ④ 자신, 타인, 문화/사회, 글로벌 환경을 위한 적절한 추론과 부적절한 추론의 파급효과를 대별시킨다.
2. 반복적으로 일어나고 진화하는 개인, 직장, 지역사회 관심사를 분석한다.	① 여러 가지 관심사(이론적, 기술적, 실천적)의 종류와 관심사를 다루는 가능한 방법들을 분류한다. ② 반복적으로 일어나고 진화하는 개인, 직장, 지역사회 관심사를 기술한다. ③ 반복적으로 일어나고 진화하는 관심사를 창조하거나 유지하는 조건과 여건을 기술한다. ④ 관심사의 수준을 기술한다 : 개인, 가족, 직장, 지역사회, 문화/사회, 글로벌/환경적 수준
3. 실천적 추론 요소를 분석한다.	① 이성적 행동에 필요한 지식 유형의 특징을 구별한다. 추구하는 가치, 목표, 맥락적 요인, 가능한 행동과 파급효과 ② 자신, 가족, 문화/사회, 글로벌 환경에 미치는 단기 파급효과와 장기 파급효과를 분석한다. ③ 믿음과 행동에 깔려 있는 가정을 분석한다.

(계속)

내용기준	역 량
3. 실천적 추론 요소를 분석한다.	④ 적절하고 신뢰로운 정보와 부적절하고 신뢰롭지 못한 정보의 차이를 구별한다. ⑤ 윤리적 판단을 하기 위한 역할교환, 보편적 파급효과, 윤리의 역할, 다른 기준을 분석한다. ⑥ 적절한 근거와 부적절한 근거의 차이를 구별한다.
4. 가족, 직장, 지역사회에서의 윤리적 행동을 위한 실천적 추론을 실행한다.	① 신뢰롭다고 판단되는 다양한 출처로부터 정보를 수집한다. ② 특정한 반복적으로 일어나고 진화하는 가족, 직장, 지역사회 관심사를 기술한다. ③ 관심사를 해결하기 위한 목적/ 추구하는 가치를 선정한다. ④ 특정한 관심사를 다루기 위한 책임있는 행동을 선택하기 위한 기준을 세운다. ⑤ 특정한 관심사의 조건들, 즉 역사적, 사회적 · 심리적, 사회 · 경제적, 정치적, 문화적, 글로벌/환경적 조건들을 평가한다. ⑥ 특정한 관심사의 목적/추구하는 가치를 위한 이성적 행동을 이끌어 낸다. ⑦ 가능한 행동을 비평하기 위한 적합하고 신뢰로운 정보를 사용한다. ⑧ 가능한 행동이 자신, 타인, 문화/사회, 글로벌 환경에 미치는 단기 및 장기 파급효과를 평가한다. ⑨ 적합하고 신뢰롭다고 판단되는 추구하는 가치와 정보에 기초하여 가능한 근거와 행동을 정당화 한다. ⑩ 정당화된 근거, 가치를 두는 목적, 맥락적 조건, 행동의 가능한 파급효과에 의해 지지된 행동을 선택한다. ⑪ 선택된 행동을 달성하기위한 계획을 설계한다. ⑫ 설정된 기준과 가치를 둔 목표에 기초한 행동의 계획을 실행하고 모니터한다. ⑬ 자신, 타인, 문화/사회, 글로벌 환경에 미치는 파급효과를 포함하여 행동과 결과를 평가한다. ⑭ 실천적 추론과정을 평가한다.
5. 행동을 위한 판단의 기초가 되는 사실적 지식을 얻고 이론을 검증하기 위해 과학적 탐구와 추론을 보여준다.	① 범위, 개념, 특정한 탐구를 위한 과학적 용어를 정의한다. ②정보, 원천, 의견과 증거의 타당성과 신뢰성을 판단한다. ③ 과학적 원리, 관찰, 증거에 기초한 가설을 설정한다. ④ 과학적 탐구방법과 추론을 통해 가설과 이론을 검증한다. ⑤ 신뢰롭다고 판단되는 자료와 정보에 기초하여 결론을 도출한다. ⑥ 과학적 추론 과정을 평가한다.

자료 : NASAFACS(2008). *National standards for family and consumer sciences education*.

03 실천적 추론 과정

1 실천적 추론이란?

Brown과 Paolucci(1979)는 가족이 실천적 문제 혹은 가치를 기반으로 하는 문제에 직면하는 이슈에 대해 기술하고 있다. 실천적 문제 중심 접근의 핵심은 문제 혹은 상황에 의해 영향을 받는 사람들이 행동에 이르는 과정을 결정하는데 실천적 추론을 사용한다는 것이다. 실천적 추론이 요청되는 상황은 확연히 서로 연관된 네 가지 특성을 가지고 있는데 ① 가치와 관련된 점, ② 행동할 필요가 있는 점, ③ 불확실하고 변화하는 주위 환경, ④ 어떤 최선의 행동을 취해야 하는가에 대한 명확한 답이 없는 점이다. 실천적 추론 과정에 참여하는 사람은 목적과 추구하는 가치를 의식적으로 형성하고 검토하며, 기술적 정보와 기술을 얻고 사용하며, 대안의 행동과 파급효과를 고려하고, 어떤 행동을 취할지 결정한다. '행동을 위한 추론' 기준은 높은 수준의 추론을 위한 과제의 틀을 제공한다(NASAFACS, 2008).

"실천적 추론은 실천적 문제를 다루고 해결하는 데 사용되는 숙련된 지적 사회적 탐구 과정이다."(Reid, 1979)라고 정의되고, 이 정의는 가장 널리 인용되고 있다. 실천적 추론은 실천적 문제를 푸는데 가장 적합한 방법으로 최선의 행동에 도달하는데 요구되는 고등사고과정이다. 실천적 추론 능력은 다양한 자료를 기초로 사고과정을 통해 최선의 행동이 무엇인지 판단할 수 있는 능력이라고 할 수 있다. 그러므로 실천적 추론 수업은 실천적 문제 중심 교육과정을 위한 수업에서 활용하기 가장 좋은 수업방법이라고 할 수 있다.

일반적 문제해결(problem solving)과 실천적 추론 과정(practical reasoning)의 차이는 무엇인가? 전자의 경우 대부분 과학적인 논리나 기술적 효율성을 중시하여 "~을 이루기 위해 ~을 하는 것이 가장 효율적인가?"를 찾는다. 반면에 실천적 추론과정의 경우 과학적인 논리는 물론이고 동시에 도덕적 정당성을 동시에 고려하여 "~과 관련하여 어떤 행동이 최선의 행동인가?"를 묻는다.

전자의 경우 학급의 모든 학생들의 문제해결과정에는 정답이 있고 그 과정에 과학적 지식이나 원리가 문제해결에 가장 기초가 되는 기준일 경우가 많다. 후자의 경우 과학적 지식, 원리뿐만 아니라 가치, 문화 역사 사회적 배경을 검토하고 상황을 고려하여 최선의 행동이 달라 질 수 있으며, 다양한 의견을 듣고 그중에서 현재 상황을 고려해서 이치에 맞는 최선의 행동이 무엇일지 토론을 통해 의견을 좁혀가는 과정이 중요하다.

이때 교사는 학생들이 미처 생각하지 못한 부분이나 고려하지 못한 부분에 대해 생각해 보게 하는 전문성을 갖추는 것이 필요하다. 이런 과정을 경험한 학생들은 새로운 문제에 직면했을 때 수업 중의 활동 경험을 바탕으로 스스로 문제를 해결해 나갈 수 있는 능력을 기르게 된다. 또한 이런 능력은 수업 중의 수행능력을 보여주기 위한 것에 그치는 것이 아니라 생애에 걸쳐 지속적으로 유지할 수 있는 능력이다. 특히 미래의 생활은 다양하고 급격히 변해가기 때문에 스스로 최선의 행동에 이를 수 있는 능력을 기르는 것이 필수적이다.

2 실천적 추론 과정의 요소

실천적 추론 과정의 요소를 도출하기 위하여 기존의 여러 문헌을 분석하였다. Brown & Paolucci(1979)를 가장 기본 적인 틀로 하여 AHEA (1989), NASAFACS(1998, 2008), ASCD(2001) 등 미국의 학회나 연합회의 출간물; Kister, Lauren & Boggs(1994), Laster(1982), Oregon Department of Education(1996a, 1996b), Staaland & Strom(1996) 등의 오하이오 주, 오리건 주, 위스콘신 주의 중 · 고등학교 교육과정 안내서; Fedje(1998), Johnson & Fedje(1999), Knippel(1998), Laster & Dohner(1986), Laster & Thomas(1997), Martin(1998), Olson(1999), Thomas & Laster(1998) 등의 미국가정학회에서 출간하는 yearbook series를 참고로 살펴보았다.

실천적 추론 과정의 요소는 문헌마다 각기 다른 용어로 사용되기도 하였다. 우선, 처음으로 실천적 추론 과정을 접하는 경우에 이러한 다양함이 자칫 복잡함이나 어려움으로 여기질 수 있기 때문에 간략하게 여러 문헌에서 사용하는 용어 혹은 명칭의 사례를 〈표 1.6〉에 정리하였다.

실천적 추론 과정에 사용된 용어뿐만 아니라 구성하는 요소에도 문헌별로 조금씩 차이가 있었는데 좀 더 구체적인 단계를 두거나 간략히 축약하는 경우도 있었다. 또한 그 순서도 본래의 실천적 추론 과정의 본질이 그렇듯이 항상 동일하지 않았다.

Brown & Paolucci(1979)의 경우 goal(state of affairs), context, means, consequences, judgment for action의 요소를 제시하였다. Fedje(1998), Knippel(1998), Staaland & Strom(1996)의 경우 valued ends, context, means, consequences의 요소를 제시하였다. Oregon Department of Education(1996a, 1996b)의 경우 desired results, context, alternatives, consequences, action으로 실천적 추론의 요소를 제시하였다.

〈표 1.6〉 실천적 추론 과정에 사용된 용어

실천적 추론 과정 요소	외국 문헌에서의 용어	국내 문헌에서의 용어
가치를 둔 목표	valued ends, goals, desired results, desired ends, desired state of affairs, desired value, valued criteria	가치를 둔 목표, 가치 목표, 기대하는 목표, 기대하는 결과, 바람직한 결과, 이상적 상태, 바람직한 상태
문제의 맥락과 배경	context, background	맥락, 배경
대안적 행동과 방법	alternative, alternative action, possible means, technological information	대안, 대안 행동, 수단, 방법
행동의 파급효과	consequences, risks, outcomes	행동의 파급효과, 행동의 결과
행동 및 평가	action, reasoned action, reflection, evaluation, judgment of what to do	행동, 실천, 행동의 반성, 행동의 평가, 실천적 판단

AHEA(1989)와 NASAFACS(2008)의 경우 실천적 추론 과정에 들어가기 전 준비 과정에서 문제를 규명하는 데 도움이 되는 추론 방법[13]과 실천적 추론을 지원하는 추론 방법[14]을 함께 제시하고 있다. NASAFACS

13) 실천적 추론 과정을 위한 준비 과정에서의 추론방법
(자료 : AHEA, 1989; Fox & Laster, 2000; NASAFACS, 2008)
- 자신과 타인을 위한 추론과정 평가
- 반복적으로 발생 · 진화하는 개인, 직장, 지역사회 관심사 분석
- 가정과를 위한 문제를 확인하는 과정
- 가정과를 위한 문제의 분석과 구조화과정
- 실천적 추론요소 분석

14) 실천적 추론을 지원하는 추론방법(supporting reasoning)
(자료 : AHEA, 1989; Fox & Laster, 2000; NASAFACS, 2008)
- 가정과 개념 분석
- 가정과 정보의 개념화
- 추론과 행동의 문제에 대한 모니터와 평가
- 가정과를 위한 비판적 인식 과정

(2008)의 '행동을 위한 추론' 기준에서 실천적 추론과 더불어 제안된 추론으로 과학적 추론, 인간상호적 추론(interpersonal reasoning)이 있다(표 1.5 참조). Fox와 Laster(2000)는 실천적 추론과 관련된 추론으로 인간상호적 추론, 가치/도덕적 추론, 과학적 추론을 들고 이 모든 추론은 서로 긴밀한 관련을 갖고 있어 실천적 추론에 필수적이라 하였다.

이상의 실천적 추론 과정에 대한 이론서와 교육과정 안내서를 분석해보면, 문제 규명, 관심사 파악, 가치를 둔 목표, 문제의 맥락, 문제의 배경, 가치 정보 해석, 기술적 정보 분석, 수단과 방법, 대안 행동, 대안 전략, 파급효과, 행동의 결과, 행동, 행동의 반성, 행동의 평가, 실천적 판단 등의 많은 요소를 포함하고 있다(표 1.6 참조). 이 책에서는 실제 가정과 수업을 실행할 때의 상황을 고려하여 ① 문제 규명, 관심사 파악, 가치를 둔 목표의 요소를 가치를 둔 목표(valued ends)로, ② 문제의 맥락, 문제의 배경, 가치 정보의 해석을 문제의 맥락과 배경(context)으로, ③ 기술적 정보 분석, 수단과 방법, 대안 행동, 대안 전략을 대안적 행동과 방법(alternatives and means), ④ 파급효과와 행동의 결과를 행동의 파급효과(consequences), ⑤ 행동, 행동의 반성, 행동의 평가, 실천적 판단의 요소를 행동과 평가(action and reflection)로 다음과 같이 범주화하였다.

- 가치를 둔 목표
- 문제의 맥락과 배경
- 대안적 행동과 방법

- 비공식적(일상적) 추론 -발전적인 논의
- 가정, 가족, 지역사회 쟁점에 관한 가치/도덕적 추론
- 의사결정 과정
- 새로운 아이디어를 만들기
- 과학적 추론
- 인간상호적 추론

• 행동의 파급효과
• 행동과 평가

여러 문헌(Fedje, 1998; Knippel, 1998; Oregon Department of Education, 1996a, 1996b)에서 실천적 추론 과정을 도식화한 그림을 제공하고 있다. 그중에서 Hittman과 Brodacki - Thorsbaken(1993; Fedje, 1998 재인용)의 diagram인 〈그림 1.6〉이 앞에서 범주화한 실천적 추론 과정의 요소를 가장 가깝게 제시하고 있다.

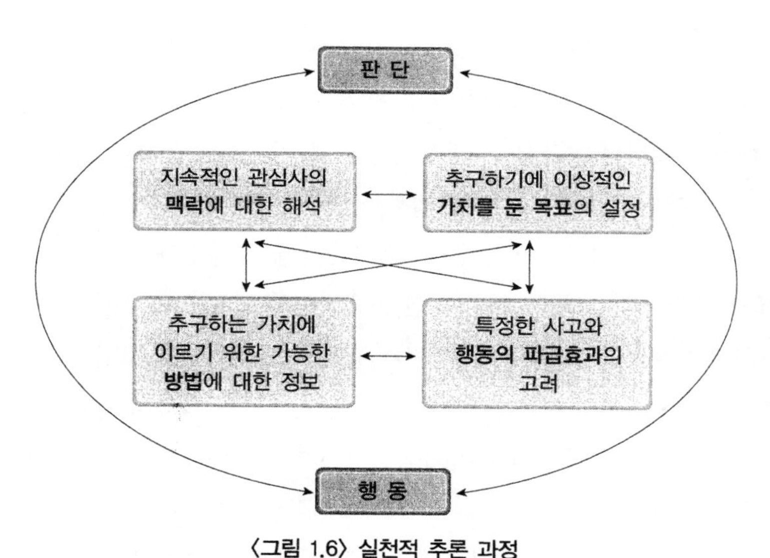

〈그림 1.6〉 실천적 추론 과정

자료 : Hittman & Brodacki - Thorsbaken(1993; Fedje, 1998 재인용).

3 실천적 추론 과정에서 다루는 내용

실천적 추론 과정은 단계별로 순서대로 진행되는 사고과정이기 보다는 실천적 추론 과정의 요소에서 깊이 있는 질문을 통하여 사고하고 필요에 따라 반복적으로 되풀이 하게 된다. 특히 각 요소는 독립적으로 다뤄지기 보다는 요소들을 동시에 고려하면서 실천적 판단과 행동으로 이끈다. 이런 측면에서 실천적 추론 과정에 대해서 간략히 살펴보기로 하자.

1) 기대를 둔 목표

기대를 둔 목표에서는 다루는 실천적 문제를 해결하게 되면 이루게 될 기대하는 결과와 목표를 미리 상정한다. 일반적으로 문제는 현재의 상태와 이상적인 상태의 gap이 존재하는 상황을 의미한다. 가치를 둔 목표를 이룸으로써 이상적인 상태 즉, 기대하는 혹은 희망하는 결과에 이르게 하는 것이다. 그렇기 때문에 현재에 직면하고 있는 문제를 해결하기 위해서 이상적인 상태가 무엇일지와 어떤 목표를 이루는 것이 필요할지를 생각해보아야 한다. 이때의 목표는 특정 개인을 위하여 좋은 것이라기보다는 많은 사람에게 가치로운 것이어야 한다. 마치 실천적 지혜를 가진 사람이 일신을 위하여 좋은 것으로 시작하였지만 공동체를 위해 최선인 것이 무엇인지 사려 깊게 생각하고 판단하는 것과 같은 이치이다. 그렇지만 이상적인, 희망하는, 기대하는, 가치를 둔 상태가 매우 추상적인 '바람직한' 청소년, '바람직한' 소비와 같은 수준에서 상정되는 것은 바람직하지 않다. 왜냐하면 가치를 둔 목표는 대안적 행동과 방법을 찾을 때, 행동을 평가할 때의 기준으로 작용하기 때문에 막연히 바람직한 청소년이나 가족관계가 어떤 상태인지 알지 못한다면 깊이있는 추론이 되지 못하고 임의적인 판단에 이르게 하기 때문이다. 즉, '우리가 세운 대안은 바람직한 상태가 무엇인지 잘 모르겠지만 아마 바람직할 것이다'라는 판단으로 이끌기 때문이다. 그보다는 예컨대 자아정제감을 형성한 청소년, 지속 가능한 소비라는 가치를 둔 목표를 설정했다고 한다면 어떤 대안적 행동을 찾거나 행동을 평가할 때 그 행동이 자아정체감 형성에 기여하는가, 지속 가능한 소비를 가능하게 해주는가와 같은 질문을 통해 실천적 판단에 이르게 된다.

2) 문제의 맥락과 배경

문제의 맥락과 배경에서는 문제의 현재 상태를 파악하는 모든 지적 활동을 포함한다. 현재 상태를 파악한다는 뜻은 어떤 사회적, 역사적, 문화적, 경제적, 종교적, 사상적, 정치적, 정서적, 환경적 등의 맥락에서 현재의 문제가 발생했는가, 문제가 유지되는가, 문제를 강화시켜 주는가를 이해하는 작업이다. 관련된 정보, 지식, 이론은 무엇인가를 찾아본다. 또한 문제에 관련되어 있는 사람들은 어떤 가치를 추구하는가(이 부분은 가치를 둔 목표에서도 다룬다), 어떤 요구와 관심을 가지고 있는가, 어떤 전통, 규범과 관습을 따르는가, 어떤 편견, 선입견, 감정, 지적 능력을 가지고 있는가, 추구하는 가치 규범 문화 생각 등에 어떤 갈등이 존재하는가를 이해해야 한다. 흔히 가치 정보를 해석하는 작업을 의미한다. 이때 겉으로 드러나는 가치, 믿음, 생각만을 다루는 것이 아니고 드러나지 않는 잘못된 가치, 믿음, 생각 등에 대해 비판적으로 볼 수 있어야 한다. 이 부분은 비판과학 관점에서 실천적 추론을 깊이 있게 하기 위해서는 특징적인 과정이기 때문에 4절에서 별도로 다루고 있다.

3) 대안적 행동과 방법

대안적 행동과 방법에서는 지금까지 전형적으로 해왔던 행동을 검토하고, 가치를 둔 목표에 이를 수 있는 대안적 행동을 찾아보는 과정이다. 이를 위하여 대안적 행동을 위한 기술적 정보를 분석하고 가능한 전략들을 찾아본다. 이때 이와 같은 대안을 제시한 근거를 제시하고 그 근거가 타당한지 검토한다. 가능한 기술적, 의사소통적, 해방적 행동은 무엇이 있는지 제안해본다. 이에 필요한 지식, 기술, 역량 등이 필요한가, 어디서 이런 정보를 찾을 수 있을까, 어떤 정보의 원천을 신뢰할 수 있는가 등의 정보를 찾는 과정이 포함된다. 이 부분은 문제의 맥락 이해하기에서도 이루어진다. 문헌에 따라 다르지만 대안적 행동과 방법/파급효과/ 행동과 평가는 동시에 일어나는 경우가 일반적이다. 예를 들어, 하나의 대안이 정당한가를 검토하는 과정과 행동의 파급효과를 미리 추론해보는 과정, 행동의 파급효과를 고려해서 최종 행동과 전략으로 선택하는 과정, 행동의 파급효과를 고려하여 또 다른 대안적 행동과 방법을 찾아보는 과정, 행동을 평가한 후 또 다른 대안을 모색하는 과정 등의 조합이 가능하며, 그 순서도 단계적이지 않다. 따라서 정확한 범주화는 사실상 가능하지 않고 또한 바람직하지 않기도 한다. 편의적으로 실천적 추론 과정의 요소를 범주화한 것이지 실천적 추론 과정은 분절되지 않는 일련의 지적 활동이기 때문이다. 이런 실천적 추론 과정의 본질에 따라 〈표 1.5〉, 〈표 1.6〉, 〈표 1.7〉의 범주와 구체적 내용과 질문이 완전하게 일치하지 않을 수 있다.

4) 행동의 파급효과

행동의 파급효과에서는 어떤 제안된 대안적 행동을 했을 때 예견할 수 있는 결과를 고려해본다. 일반적으로 어떤 한 행동을 취하면 다른 행동을 일으키게 되고, 인간의 행동은 쉽게 예측할 수 없고 항상 그 행동의 파급효과에 대한 불확실성이 존재하기 때문에 행동의 파급효과를 검토하는 것은 매우 중요하다. 더욱이 개인의 행동이 개인에게만 영향을 미치는 것이 아니고 다른 사람과 더 넓게는 사회에 영향을 미치게 되기 때문에 신중한 사려와 판단이 요구된다. 그러므로 행동의 파급효과 과정은 추론이라는 본질이 가장 잘 구현되는 과정이라고 볼 수 있다. 가장 기초적인 철학적 사고 활동으로 모든 사람들이 이와 같은 행동을 한다면, 혹은 하지 않는다면 어떤 일이 일어 날 것인가를 생각해볼 수 있다. 대안적 행동은 나와 가족, 사회에 어떤 영향을 미치게 될 것인가, 어떠한 변화를 초래할 것인가, 단기, 중 · 장기적으로 어떤 결과를 가져올 것인가, 다른 사람들은 우리의 대안적 행동을 어떻게 해석할 것인가 등을 검토한다. 이를 통해서 개인 차원, 가족 차원, 지역사회 차원, 글로벌 차원에서의 행동을 제안할 수 있다. 모든 제안된 대안은 기대를 둔 목표를 이루는 데 기여할 수 있는지 생각해본다.

5) 행동과 평가

행동과 평가에서는 제안된 대안과 전략들 중에서 앞의 실천적 추론 과정을 총체적으로 고려해 볼 때 어떤 행동과 전략이 가장 정당화 될 수 있는지 실천적 판단에 이른다. 이런 판단에 기초하여 최선의 행동과 전략을 최종적으로 선택하고, 실행에 옮기는 데 필요한 지식, 기능, 여건을 갖춘다. 또한 행동에 이르게 된 과정을 반사 숙고적으로 성찰함으로써 행동이 가치를 둔 목표를 이루게 하는지, 행동의 과정은 어떠했는지, 실천적 판단 과정에서 추론은 제대로 이루어 졌는지를 평가해본다. 추론을 통해 자신에 대해 알게 된 것은 무엇인지, 자신의 사고 과정은 어떠했는지와 같은 메타 인지적 질문을 통하여 가정학의 사명에서 목표로 하는 개인의 자아 형성을 성숙하게 하는 데에 기여할 수 있도록 한다.

문헌을 기초로 실천적 추론 과정에서 다루는 내용과 질문을 〈표

1.7〉에 재구성하였다. 이 표를 기초로 실천적 추론 수업 혹은 실천적 문제 중심 수업을 설계, 개발, 실행하고자 할 때 구체적 내용과 질문의 사례를 참고할 수 있을 것이다.[15]

〈표 1.7〉 실천적 추론 과정에서 다루는 내용

실천적 추론 과정의 요소	각 요소에서 다루는 내용
가치를 둔 목표 (Valued Ends)	• 상황과 관련된 모든 사람들의 최고의 관심사는 무엇인가 • 이 상황에는 어떤 종류의 가치가 포함되는가 • 갈등이 되는 가치는 무엇인가 • 어떤 가치에 더 비중을 두는가 • 가족구성원을 위해 희망했던 결과는 무엇인가 • 지역사회가 발생하기를 희망하는 일은 무엇인가 • 하나의 전체로서 사회가 최종결과로 나타나기 바라는 것은 무엇인가 • 이 상황에서 모든 사람들에게 최선의 결과는 무엇일까 • 이상적인 상황이나 결과는 무엇인가 • 무엇이 행해져야 할까 • 무엇을 행하는 것이 정당할까
문제의 맥락/배경 (Context)	• 이 문제의 원인은 무엇인가 • 이 요구는 누가 만들고 있는가 • 문제의 지배적 관점은 무엇인가 • 지배적 관점은 우리의 사고 어디에서 시작되었나 • 어떤 사회적 세력이 지배적인 관점을 강화해주는가 • 누구의 관심이 만족되어지고 있는가 • 이와 같은 상황은 과거에 어떠했는가 • 과거가 이 상황에 어떤 영향을 주었나 • 이 상황에서의 경제, 정치, 종교, 문화, 사회, 역사, 정서적 요인은 무엇인가 • 이 상황과 관련된 개인들의 견해는 무엇인가 • 이 상황과 관련되어 영향을 받는 사람은 누구이며, 기관은 어디인가

15) 실제 실천적 추론 수업을 실행할 때 사용할 수 있는 질문의 사례는 2부 4장 질문개발 부분을 참조.

(계속)

실천적 추론 과정의 요소	각 요소에서 다루는 내용
문제의 맥락/배경 (Context)	• 이 상황과 관련되어 집단적으로 잘못 생각하고 있는 것은 무엇인가 • 이 상황과 관련하여 편견, 선입견은 없는가
대안적 행동과 방법 (Alternatives/ Means)	• 필요한 정보, 지식, 이론 등은 무엇인가 • 필요한 정보, 지식, 이론 등은 어디서 획득할 수 있는가 • 정보의 출처는 신뢰할만한가 • 이 정보는 얼마나 편향되어질 수 있는가 • 추구하는 가치에 이르게 하기 위해 어떤 단계들이 필요한가 • 지배적인 관점의 문제점은 무엇이고, 개선되어야 할 점은 무엇인가 • 어떤 다른 관점을 가질 수 있는가 • 어떤 가능한 전략이 있나 • 누가 이 일을 할 수 있으며, 이것을 하기 위해 무엇이 필요한가 • 목표에 도달하기 위해 사용한 행동은 무엇인가 • 이러한 행동을 지지한 이유는 무엇인가
행동의 파급 효과 (Consequences)	• 특정한 바람직한 결과(desired result)를 수립한 것의 파급효과는 무엇인가 • 만약 어떤 상황이 발생한다면 무슨 일이 일어날 것인가 • 만약 어떤 상황이 발생한다면 언제쯤이며, 누가 그 일을 겪을 것인가 • 이러한 상황은 어떤 영향을 끼칠 것인가 • 개인, 가족, 사회에 초래하는 결과는 무엇인가 • 이 행동의 단기적, 장기적 결과는 무엇인가 • 이 행동으로 인해 영향을 받는 사람은 누구이며, 나의 인간관계는 어떤 영향을 받을까 • 가족구성원들에게 미치는 긍정적, 부정적 영향은 무엇인가 • 우리가 제안한 행동을 모두가 했을 때 무슨 일이 생길까
행동 및 평가 (Action/ Reflection)	• 지금의 상황에서 여러 맥락에 대한 이해와 대안적 행동의 파급효과를 고려한다면 나는 어떤 행동을 해야 할 것인가 • 어떤 선택이 자신의 가치를 반영하면서 바람직한 결과를 이끌 수 있는 최선의 선택인가 • 나와 가족, 타인을 위해 가장 긍정적인 결과를 가져오는 선택인가

(계속)

실천적 추론 과정의 요소	각 요소에서 다루는 내용
행동 및 평가 (Action/Reflection)	• 똑같이 선택을 하겠는가 • 모든 사람들이 이 문제에 대해서 같은 결정을 내린다면 어떻게 될까 • 어떤 전략이 이상적인 변화를 가져올 수 있나 • 어떤 전략이 가장 정당화될 수 있는가 • 어떻게 이 전략을 실행할 수 있는가 • 이 선택을 실행하기 위해 요구되는 기술은 무엇인가 • 행동을 실행하는 데 장벽은 무엇인가 • 실행하는데 방해가 되는 요소를 극복하는 방안은 무엇이 있을까 • 윤리적인 행동인가 • 이러한 행동이 가족, 타인의 행복을 가져왔을까 • 이러한 문제해결 경험이 미래의 문제해결에 어떤 영향을 끼칠까 • 무엇을 배웠는가 • 잘못 생각, 편견, 선입견, 충동에 의한 판단은 아니었는가 • 판단에 이르기까지 나의 사고과정은 어떠했는가 • 추론과정을 통하여 자신에 대하여 알게 된 것은 무엇인가

자료 : 이민정(2010).

실천적 추론 과정에서 〈표 1.7〉에 제시된 모든 질문을 다루라는 것은 아니고, 어떤 내용이 어느 요소에 해당하는지 설명하기 위해 제시된 것이다. 그러나 위와 같이 범주화된 실천적 추론 과정은 앞서 설명된 바와 같이 편의상 많은 요소가 줄여진 형태이다. 실천적 추론 수업에 경험이 있는 교사는 〈표 1.8〉의 AHEA(1989)가 제시한 실천적 추론 과정을 자신의 수업에 도입해보길 권장한다.

〈표 1.8〉 AHEA(1989)가 제시한 실천적 추론 과정

구 분	내 용
1. 가정과 문제를 인식/규명하는 과정	• 기술적 가정과 문제를 인식한다. • 실천적 가정과 문제를 인식한다. • 해석적/개념적 가정과 문제를 인식한다. • 행동의 긍정적, 부정적 영향에 대해 알아본다. • 가족문제를 일으키고 지속시키는 조건을 인식한다.
2. 가정과를 위한 문제 분석과 구조화 과정	• 문제를 정의하고 표현한다. • 필요한 정보를 확인한다. • 문제해결의 평가를 위한 판단기준을 확인한다. (판단기준의 특징, 판단기준 and 가치의 유형) • 문제의 유형을 위한 적절한 절차를 확인한다.
3. 가정과 문제 해결을 위한 실천적 추론	① 실천적 추론 요소의 과정을 사용한다. • 가정과의 실천적 문제를 제기한다. • 추구하는 가치를 설정한다. • 맥락을 이해한다. • 정보를 활용한다. • 대안적 행동방안을 찾아본다. • 행동방안과 관련된 파급효과를 알아본다. • 추구하는 가치에 기초하여 최선의 방법이나 결과를 결정한다. • 가장 바람직하고 윤리적인 결과를 가져올 수 있는 대안을 선택한다. • 추구하는 가치와의 일관성에 준해 행동의 결과를 평가한다. ② 적합하고 믿을만한 정보를 찾고 체계화한다. • 모든 관련되었던, 그리고 영향을 주었던 관점. 예를 들어 역사적, 문화적, 정치적, 종교적, 사회적 가치, 믿음 등. • 개인적 환경적인 맥락적 요인 • 목표와 판단 기준 • 방법들, 전략들 • 대안적 행동 또는 전략 • 대안적 행동이나 전략의 잠재적 파급효과 ③ 가족이나 지역사회 구성원들 사이의 합의를 찾는다. • 문제를 정의한다. • 판단기준을 선택한다. • 판단기준의 우선순위를 정한다.

(계속)

구 분	내 용
3. 가정과 문제 해결을 위한 실천적 추론	• 개념의 의미를 결정한다. • 변화를 수용할 수 있는 맥락적 요인을 결정한다. • 행동의 잠재적 파급효과를 결정한다. • 행동의 다른 사람들에게 미치는 잠재적 영향을 결정한다. • '무엇을 해야 하는가'에 대한 도덕적으로 정당하고 실현가능한 행동을 결정한다. ④ 가정과 기준을 성취하게 하는 행동들/전략들/결과물들을 창조한다. • 문제를 해석하거나 정의하는 대안적 방법을 찾는다. • 현재의 가정들(assumptions)을 비판적으로 평가한다. • 새로운 아이디어를 만들어낸다. ⑤ 근거에 의한 논쟁을 창조하고 평가한다. • 협력한다. • 관점을 가지고 이슈에 대해 상호 존중적, 협동적, 논리적 토의를 한다. • 공감한다/관점을 교환한다. • 개념적, 비판적, 기술적 문제를 질문한다. ⑥ 모니터링/가정과의 문제에 관한 추론을 평가한다. • 문제 확인을 모니터링한다. • 문제해결과정을 모니터링한다. • 단계와 절차를 모니터링한다. • 자신의 문제해결과정을 반사숙고하고 기술한다(메타인지). • 다른 사람들에 대한 행동의 영향을 모니터링한다. • 가족과 다른 사회적 제도에 대한 행동의 영향을 모니터링한다. • 정보 출처의 신뢰성을 판단한다. • 관찰 보고서를 판단한다. • 추론을 판단한다. • 결론에 대한 근거를 판단한다. • 타인과 자신이 지닌 개념 사이의 유사점과 차이점을 비교한다. ⑦ 판단기준을 준수하여 결론을 내린다. ⑧ 결론을 정당화한다. ⑨ 행동을 위한 계획/기술적 가정과 문제 해결 • 현실적인 목표를 수립한다.

(계속)

구 분	내 용
3. 가정과 문제 해결을 위한 실천적 추론	• 목표를 어떻게 가르칠 것인지 결정한다. • 행동계획을 구성한다 : 누가, 무엇을, 언제, 어디서를 결정한다. • 행동의 순서를 정한다. ⑩ 성숙된, 윤리적 행동을 취한다. ⑪ 행동을 평가하고 모니터링한다. • 설정한 가치의 성취에 대한 행동의 파급효과를 평가한다. • 다른 사람들에 대한 행동의 파급효과를 평가한다. • 가족과 다른 사회적 제도에 대한 행동의 파급효과를 평가한다.
4. 가정과를 위한 실천적 추론을 지원하는 추론 과정	• 가정과 개념 분석 • 가정과 정보의 개념화 • 추론과 행동의 문제에 대한 모니터와 평가 • 가정과를 위한 비판적 인식 과정 • 비공식적(일상적) 추론 -발전적인 논의 • 가정, 가족, 지역사회 쟁점에 관한 가치/도덕적 추론 • 의사결정 과정 • 새로운 아이디어를 만들기

4 실천적 추론 과정 중 왜곡된 믿음에 대한 비판

일반적으로 실천적 추론 수업에서 가장 간과되는 요소가 이데올로기 비판이다. 일반적으로 문제의 배경이해하기에서 다루게 되는데 말 그대로 이 문제가 생기된 문화 역사 사회 교육적 사건, 사상, 관습, 전통을 광범위하게 생각할 수 있도록 다루어야 한다. 이러한 배경은 무엇이 일어났는가, 어떤 배경이 우리를 그렇게 생각하게 하였는가를 물음에 있어서 문제가 되는 생각과 믿음은 왜곡된 생각과 믿음이다. 이데올로기는 본래 일련의 믿음(set of beliefs)을 의미하였는데, 문제가 되는 왜곡된 일련의 믿음(distorted set of belief)을 비판하게 되었기에 이데올로기는 부정적 의미의 일련의 믿음이란 의미로 자주 사용된다. 사실은 옳지 않지만 그 특징이 문화와 역사에 내재되어 왔기 때문에 집단적으로 옳지 않다는 것을 인식하지 못한 채 자연스럽게 받아들이게 된 믿음을 의미한다. 이것은 Habermas(1987)가 지적한 '미리 해석된 생각의 배경'(preinterpreted background of ideas)의 개념으로 우리가 인식하지 못하지만 우리 인식에 누군가 이미 해석해서 넣어 버린 생각이며 집단적으로 같은 해석을 하는 특징이 있으므로 우리가 서로 동의하고 합의한다고 해도 그 생각이 잘못된 생각일 수 있다. 이러한 배경에서 Habermas(1971)는 기술적, 의사소통적 패러다임 이외에 해방적 패러다임이 필요하다고 보았다.

그러나 학생들은 어떤 것이 그런 왜곡된 믿음인지 모르는 경우가 대부분이다. 그러므로 가정과 교사는 전문인으로서 우리가 다루는 문제에 숨겨져 있는 왜곡된 믿음은 무엇인지 파악할 수 있어야 하며 학생들을 인도할 수 있어야 한다. 왜곡된 믿음의 사례로 Baldwin(1991)은 "국가의 발전을 위해서 우리 고장에 있는 공장이 오염을 유발한다고 해도 개인이 감수해야 한다. 왜냐면 국가가 있어야 개인도 있으니까 라고 생각하는 것을 들었다. 혹은 산업체의 발전이 곧 나의 발전이라고 믿는 것 등"을 제시하였다. 이 책의 1장 1절에서 깊이 있게 다루지 못하였지만, Brown(1993)이 제시한 개인, 가족, 사회와의 관계에 대한 Holistic, Individualistic, Dialectic 관점에 대해서도 교사로서 어느 관점이 바람직한지 생각해 보아야 할 것이다.

04 실천적 추론 수업의 흐름

Baldwin(1991)은 실천적 추론 수업의 흐름[16)]을 다음과 같이 간략히 제시하고 있다.

- 교사는 구체적 사례를 제시하면서 우리가 직면하고 있는 실천적 문제를 소개한다. 이 문제와 관련하여 우리는 어떤 행동을 하여야 할까?를 제기하는 것으로 수업을 시작한다.
- 교사와 학생들은 대화를 통하여 이 문제와 관련된 사람들의 생각을 알아본다. 이때 고정관념은 없는지도 검토한다.
- 교사와 학생은 대화를 통해서 이 문제와 관련한 갈등이나 대립되는 생각들은 없는지 검토한다. 그런 생각들은 사람들이 어떻게 행동하게 하는지 등에 대해 토의한다.
- 이를 통해 문제의 근원을 찾아보고, 현재에도 이와 같은 행동을 하게하는 요인이 있는지도 찾아본다.
- 문제의 배경이 되는 생각과 그에 기초해서 행동할 때에 어떤 문제가 일어날 수 있는지 검토한 후 대안은 무엇인지 알아낸다.
- 변화를 꾀할 수 있는 전략을 찾아보고, 각각의 전략으로 행동할 때 생길 수 있는 결과를 미리 생각해본다. 이를 기초로 가장 도덕적으로 정당한 전략을 선택한다.
- 어떻게 이 전략을 실천에 옮길 수 있는지 토의하고 실천을 위한 계획을 세우고 프로젝트 등을 수행한다.

16) 이 부분은 3부에서 수업의 실제를 구현하여 제시하였으므로 구체적 내용을 참조.

• 자신의 실천/프로젝트의 결과를 평가하고, 이 과정을 통하여 무엇을 배웠는지, 자신의 사고과정은 어떠했는지 평가한다.

다음에 제시한 〈그림 1.7〉은 저자가 재직하는 대학의 "가정과 교수학습방법" 강좌에서 학부 학생들이 Baldwin(1991)이 제시한 수업의 흐름을 참고하여 실천적 추론 수업을 실행할 때 사용한 활동지의 사례이다. 실천적 추론 수업이 어렵다는 선입감을 버리고 학부 학생들이 훌륭히 실행할 수 있으므로 처음 이 수업을 접하는 교사라 할지라도 자기 주도적 학습을 통해서나 연수를 통하여 어렵지 않게 실행할 수 있을 것으로 본다. 더욱이 학생들로 하여금 2007년 개정 교육과정에서 강조된 실천적 추론 능력을 기르게 하기 위해서 교사의 실천적 추론 수업 실행 능력을 갖추는 것이 선행되어야 한다.

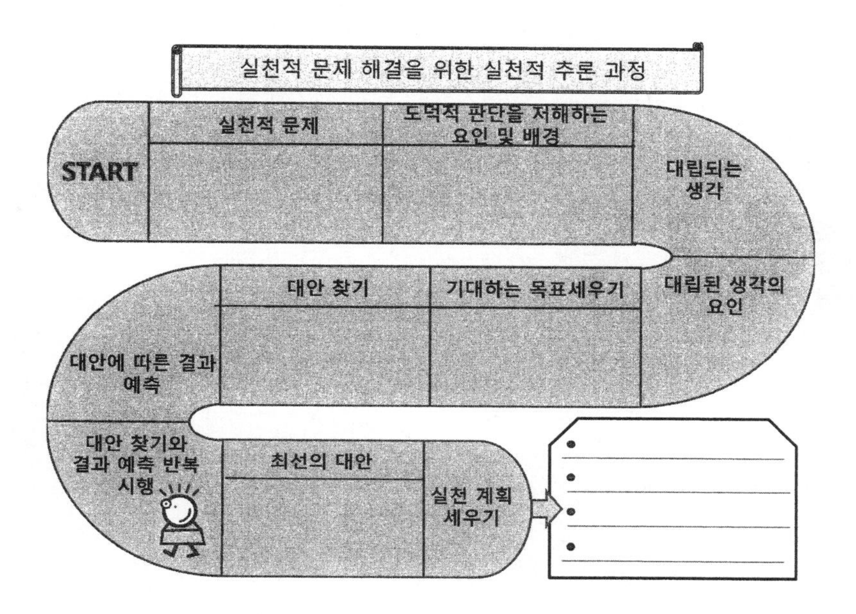

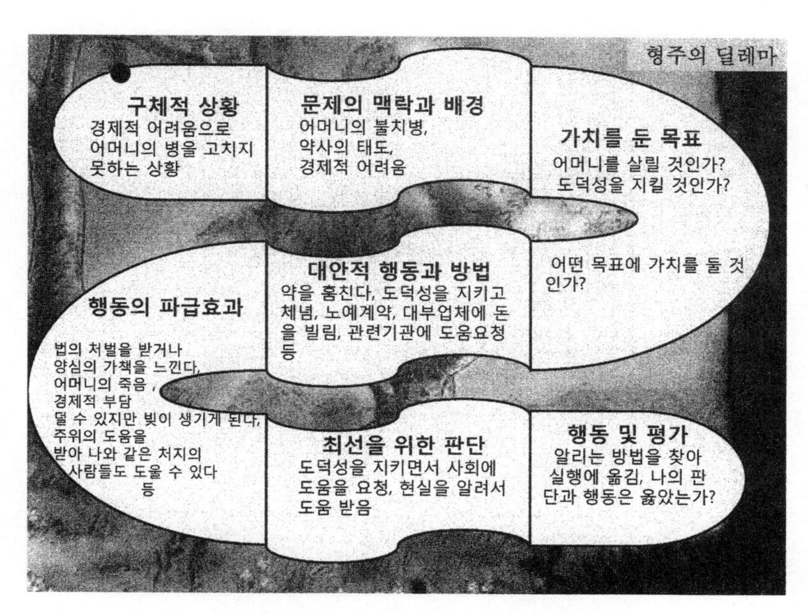

〈그림 1.7〉 실천적 추론 과정에 활용할 수 있는 활동지 사례

개발자 : 경상대학교 가정교육과 박형주

제2부

실천적 문제 중심 가정과 수업의 설계

2부에서는 실천적 문제 중심 가정과 수업을 설계할 때, 핵심적인 요소들-수업의 관점 정하기, 실천적 문제 개발하기, 실천적 문제의 상황인 시나리오 제작하기, 실천적 문제 중심 수업에서의 질문 개발하기, 실천적 문제 중심 수업에서의 평가 문항 개발하기 등을 구체적으로 다루었다. 교사들이 실제 수업을 개발하고 실행하는 과정 중에서 훈련을 필요로 하는 부분을 다양한 사례를 가지고 구체적으로 설명하였다.

제1장

수업의 관점

교육과정이 개발자의 교육과정에 대한 관점에 따라 다르게 개발되듯이 수업 역시 교사가 어떤 교육과정 관점을 갖느냐에 따라 수업방식이 다르게 된다. 교육과정 개발 관점이란 교육과정의 목표, 내용, 조직에 대한 사고방식 및 신념을 의미하며 이는 교육과정 시행, 특히 교수행동에 영향을 미치는 것(류상희, 2000)으로 어떠한 교육과정 관점을 갖느냐에 따라서 교육과정의 목표, 내용, 수업방식, 평가 등이 다르게 된다. 따라서 본 장에서는 첫째, 교사가 어떤 교육과정 관점을 가지는가에 따라 수업설계 방식이 달라지는데, 비판적 관점 수업설계 방식을 중심으로 살펴볼 것이다. 둘째, 교사가 수업에서 어떤 교육과정 관점을 갖느냐에 따라 수업의 실제가 어떻게 달라지는가를 살펴보고자 한다. 여기서는 교사의 수업 관점이 가정과 수업에서 왜 필요한가에 초점을 둘 것이다.

01 | 교육과정 관점에 따른 수업설계

국가 교육과정을 개발하거나 단위 학교에서 교사가 연간 수업 계획을 할 때도 관점에 따라 개발 과정에 차이를 보인다.

〈표 2.1〉에서 보듯이 Tyler 등 전통적 관점을 가진 교육과정 탐구자

〈표 2.1〉 관점에 따른 교육과정 개발 과정 비교

전통적 교육과정 관점(Tyler 모형)	비판적 교육과정 관점
절차와 4가지 기본 질문 1. **교육의 목적이나 목표 설정** • 학교는 어떤 교육목표를 달성하고자 노력해야 하는가? 2. **교과나 학습경험의 선정** • 이러한 목표를 달성하기 위해 위하여 어떤 교육 경험들이 제공될 수 있는가? 3. **학습 경험의 조직** • 이러한 교육 경험들을 효과적으로 조직하는 방법은 무엇인가? 4. **결과의 평가** • 의도한 목표가 달성되었는지 아닌지를 판단하는 방법은 무엇인가?	과정/단계와 질문의 예(What to do) 1. **구조/개념화**(*/**)[17] • 어떤 사고의 유형 : 기술적, 의사소통적/해석학적, 해방적? • 목표는? 가치목표(valued ends)는? • 학습자, 지식, 사회, 가정학에 대한 가정(假定)은? • 어떤 맥락적 요소? • 어떤 학습의 내용 : 지식/개념, 과정/기술? • 가치/기준을 어떻게 다루는가? • 어떤 학습활동? • 어떤 교육과정 모형? 2. **개발** • 어떻게 모형을 계획하는가? 3. **시행** • 어떻게 계획을 실행하는가? 4. **평가** • 교육과정 효과를 어떻게 결정하는가?

17) * 개념화란 어떤 것에 대한 사고와 논의의 방식을 개발한다는 것을 의미한다(허숙, 1999). 이 단계에서는 교육과정의 본질과 모형을 결정한다거나, 실시하기 전에 상황을 이해한다거나, 의사결정하기 위한 가치와 기준, 그리고 그러한 가치 또는 사고 유형으로 실행했을 때의 예측 가능한 결과를 명확히 하는 과정이 포함된다(Laster, 1986 : 23).

들의 주된 관심과 역할은 교육현장의 실천가들이 그들의 교육과정을 개발하고 전개해 나가는 과정과 절차에 필요한 정보와 체계를 제공해 주는 일을 했다. 따라서 이러한 관점을 가진 가정과 교육과정 개발자나 현장의 교수 학습 설계자인 교사들은 가정과가 달성하고자 하는 목표가 결정되면 그 목표가 우리 아이들에게 가치로운가, 왜 가치로운가 등의 검토 없이 단지 목표를 효율적으로 달성하기 위한 학습내용 및 활동을 선정하고 조직하는 데에만 관심이 있다. 따라서 평가 역시 정해진 목표가 잘 달성되었는가의 수단적 기능만을 하고 있을 뿐이다(허숙, 1999).

반면에 비판적 관점에서 교육과정이 개발될 때에는 교육과정 개발자의 철학적 견해를 고려한 교육과정 모형을 결정하고, 무엇이 가치로운 목표인가, 학습자, 지식, 사회 등에 대한 가정은 무엇인가 등의 입장을 먼저 결정해야 한다. 또한 이러한 의사결정을 하기 위한 가치와 기준, 그리고 그러한 가치 또는 사고 유형으로 실행했을 때의 예측 가능한 결과를 명확히 하는 과정을 강조하고 있다. 따라서 교육과정이나 수업의 개발할 때 바른 관점을 가지도록 끊임없는 자기 성찰의 과정이 필요하다.

비판적 관점의 철학이 내재된 교과의 성격과 목표에 일관된 수업을 설계하기 위해서는, 다룰 관심사가 세부적인 주제로부터 광의의 개념으로 전환되어야 한다. 왜냐하면 광의의 개념은 다른 많은 하위개념들과 연결될 수 있는 최상위 개념으로, 그 하위 단계에서 범위가 좁은 주제들이 탐구되어 질 수 있고, 항구적인 가치를 가진, 그리고 이해를 위한 보다 큰 개념 또는 핵심적인 개념이기 때문이다. 또한 이러한 상위의 개념들은 항구적인 관심사에 깊이 내재되어 있기 때문이다(표 2.2 참조).

〈표 2.2〉를 통해 알 수 있듯이, 음식은 기술적인 기능이나 요리 방법을 아는 것 이상으로 많은 개념들과 관련되어 있다. 따라서 학생들은

** 이 과정의 결과, 목적/목표, 내용, 학습활동, 내용과 학습활동의 조직, 평가를 포함한 교육과정 모형, 가치 및 철학적 입장이 개념화된다(Laster, 1986 : 23).

〈표 2.2〉 전통적인 수업과 광의의 개념을 사용한 수업

<table>
<tr><th>전통적 접근 방법</th><th>비판과학적 접근 방법</th></tr>
<tr><td>세부적인 주제 : 영양
주방의 안전
준비 과정
  과자
  즉석빵
  효모빵
  고기
  우유와 유제품
  야채
  과일
  파이
    두 조각
    한 조각
  사탕
  케이크</td><td>광의의 개념 : 건강(상위 개념)
책임감
모험해 보기
권력
  기아
    미국의 기아
    세계의 기아
    섭식장애
  유대
    세대 간의 유대
    의사소통
    전통
    축하</td></tr>
</table>

자료 : Hauxwell & Schmidt(1999 : 94).

그들이 음식 및 건강과 관련된, 보다 비판적인 사회 현안들을 탐구할 때 기술적인 기능을 발전시키게 될 것이다. 예를 들면, 학생들은 비판적 이슈인 국내 및 세계의 기아문제에 대해 탐구할 수 있다. 그들은 기아가 존재하는 이유들을 조사하거나 기아와 관련된 사회통념들을 없애거나 그들의 사회에서 기아를 없애는 일에 관여하게 되는 방법을 고려할 수 있다. 학생들은 기아 문제를 겪고 있는 지역주민을 방문하여 음식을 준비하거나 학교에서 가사실습 시간에 미리 준비한 음식을 그들에게 제공하는 방법으로 도울 수 있을 것이다. 즉, 학생들은 기술적인 기능을 훈련해서, 기아문제에 대해 보다 충분히 탐색하는 데에 그 최종 결과물을 이용할 수 있다. 또한 유대 개념과 관련해서는 가족의 전통과 가족생활에서의 음식과 관련지을 수 있을 것이다. 예를 들면, 학생들은 그들의 가족 전통을 조사할 수 있고, 다른 문화와의 비교를 할 수 있으며, 그들이 꿈꾸

는 그들의 미래 가족의 전통의 가능성에 대해 고려할 수 있을 것이다. 이와 같이, 광의의 개념을 사용함으로써 단순히 기능적인 면만 배울 수 있었던 전통적인 수업과는 달리, 학생들은 많은 다양한 관련성과 책임감이 그들의 삶에서 어떠한 의미를 갖는 지에 대한 이해를 할 수 있게 된다.

〈표 2.3〉 교육과정 관점에 따른 수업 설계

요 소	전통적 접근 방법	비판 과학적 접근 방법
교과 내용	구체적인 토픽(주제)들	항구적인 관심사 광의의 개념 가족의 일
목 표	구체적이고 협의의 목표 행동 목표	학습자의 성과 가족 행동 체계 성찰
기본 학습	사실적 진술	개념적 진술
교사의 역할	정보 제공자	중재자; 공동 조사자
학생의 역할	수동적인 청취자	능동적인 참여자 개념의 조사자
질 문	사실적	과정 질문 포함 실천적 추론 기술적, 개념적, 비판적
전 략	교사 통제적	학생 중심적 협동 그룹
쓰 기	교과 내용 이해를 보여주는 글쓰기	개념 간의 관련짓는 과정을 보여주는 글쓰기
읽 기	사실 정보 획득을 위한 읽기	제시된 자료 및 다양한 관점 검토를 위한 읽기
지적인 기술	사고의 수준으로 분류	가치 및 도덕적 추론 실천적 추론 비판적 사고 관점 갖기
평 가	기준 척도의 강조 사실적 질문 옳은/틀린 대답	개념적 이해 참 평가 실생활 문제의 이용

자료 : Hauxwell & Schmidt(1999 : 96).

〈표 2.4〉 교사의 철학적 배경

강조하는 철학	교사는 …… 해야 한다.
인본주의(Humanism)	개인의 잠재적인 능력을 최대화해야 한다.
기초적 기술(Basic skills)	다른 것을 성취하는데 바탕이 되는 기초적 기술들을 강조해야 한다.
전문적 기술/능력 (Technical skills /competencies)	특정 역할을 위한 필요한 과업을 성취하기 위해, 함께 구성될 수 있는 세분화된 능력들을 훈련시키는 데에 초점을 맞춰야 한다.
사회재건주의/비판적 사고/실천적 추론(Social reconstructionism/Critical thinking/Practical reasoning)	학습자들이 긍정적인 사회적 결과 도출을 위해 의사결정 능력과 고등사고 능력을 계발하도록 도와야 한다.

자료 : Elizabeth & June(2002 : 89).

〈표 2.3〉은 전통적 관점의 수업설계 방법과 비판적 관점의 수업설계 방법 사이의 다양한 요소상의 차이점을 언급하고 있다. 즉, 수업설계자인 교사가 가진 철학적 배경에 따라 교과내용, 수업목표, 기본 학습 내용, 수업에서의 교사 및 학생의 역할, 질문 내용, 수업 전략, 수업에서의 글쓰기, 읽기자료 활용, 수업에 사용하는 지적 능력, 평가 방식 등이 달라짐을 보여주고 있다.

02 | 교사의 수업 관점

철학은 교사가 무엇을 가르칠 지에 대해 결정할 때 영향을 미치는 중요한 요소로, 교사가 무엇을 가르칠 것인가에 대해 내린 모든 결정에는 교사의 철학이 투영된다(표 2.4 참조). 즉, 교사가 어떤 철학을 가지고 있느냐에 따라 무엇을 가르칠 것인지가 달라진다. 그 예로, 아주 다른 철학을 가진 교사가 '가족계획'에 대한 주제를 학습자에게 가르친다고 가정해 보자.

휴머니즘 철학을 가진 교사는 피임이나 피임약 사용에 대한 그들의 태도나 가치, 그들의 피임약 선택에 영향을 주는 태도나 가치의 방식에 관한 학습자의 느낌에 관심을 가질 것이다. 기술적 관점의 철학을 지닌 교사는 학생들이 어떻게 느끼는가보다 다양한 피임법에 대해 설명하는 데 더 많은 시간을 사용할 것이다. 또한 사회 재건주의의 관점을 지닌 교사는 의사결정의 과정과 의사결정자의 가치, 장기적으로 건강에 미칠 영향의 가능성, 하나의 방법이 또 다른 방법에 미칠 도덕적 고려, 인구 조절에 대한 사회적 책임 같은, 의사결정시 고려되어야 하는 요소를 강조할 것이다(Elizabeth & June, 2002). 그러므로 가정과 교사는 가정과 교육과정을 개발할 때나 학기 또는 연간 계획을 할 때, 그리고 수업을 설계 할 때 자기 성찰 과정을 거친 철학적 관점을 가지는 것이 제일 중요한 과정이라고 생각된다.

〈표 2.5〉는 교사가 가진 수업 관점에 따라 수업 목표, 수업에서 다루는 내용이 확연히 달라짐을 보여주고 있다. 즉, 전자레인지에 관한 수업에서 기술적 관점을 가신 교사는 전자레인지 작동법 설명, 전자레인지 요리에 적절한 기구, 용어 설명, 전자레인지 사용 시 발생할 수 있는 사고, 전자레인지의 장단점 등에 대한 내용을 다루는 반면, 인지적 관점을 가진 교사의 경우, 정보는 변화하고 기술은 일정하게 유지되기 때문에, 학생들에게 전이될 수 있는 사고 기술을 개발하는 것을 돕도록 수업을 설계할 것이다. 따라서 학생들의 경험으로부터 수업에서 다룰 내용을 이끌어내면서 사고하는 방법을 가르치고 있다. 또한 비판적인 관점의 교사는 학생들이 가치, 도덕적 및 윤리적 판단을 필요로 하는 문제와 관련해 합리적 사고를 하도록 조장한다. 따라서 이러한 관점을 가진 교사들은 학생들이 전혀 문제로 여기지 못하고 있지만, 보다 면밀히 검토

될 필요가 있는 생활 요소들-패스트푸드, 전자레인지용 요리, 가정 및 가족을 위한 새로운 기술, 가족의 역할, 책임 등을 검토한다. 이를 위해, 수업 단계마다 성찰적 질문을 사용하며, 이러한 질문을 통해 같은 문제에 대해서도 다양한 관점에서 생각해 보도록 하고, 잘못된 환경에 대해 사회적 행동을 통해 변화를 주도하도록 하고 있다. 즉, 가정과 교사가 어떤 철학을 가지고 수업을 설계하느냐에 따라, 학습자들의 삶을 바람직하게 변화시킬 수도 있고, 바람직하지 못한 환경에 대해서도 아무 의식도 가지지 못하게 할 수도 있다.

따라서 가정교과가 학습자가 주도적인 삶을 영위하는데 필요한 가치관과 다양한 능력을 기르는데 도움을 주는 실천 교과(교육인적자원부, 2007a)라고 할 때, 가정과 수업을 통해 학습자들이 주도적인 삶을 살 수 있도록 하기 위해서는 가정과 교사들은 비판적 관점의 수업을 통해서만이 가능함을 알 수 있다.

〈표 2.5〉 교육과정 관점에 따른 가정과 수업의 실제

전통적 교육과정 관점		비판 과학적 교육과정 관점
기술적 관점 (능력 형성 중심 접근법)	인지적 관점 (개념 중심 접근법)	비판적 관점 (실천적 문제 중심 접근법)
목표 : • 전자레인지 작동법을 설명할 수 있다. • 전자레인지 요리에 적절한 조리 기구를 확인할 수 있다. • 전자레인지 사용과 관련한 용어를 정의할 수 있다. • 전자레인지를 사용할 때 일어나는 사고의 이유를 설명할 수 있다. • 전자레인지 요리의 장·단점을 확인할 수 있다.	목표 : • 정보는 변화하고 기술은 일정하게 유지되기 때문에, 학생들에게 전이될 수 있는 사고 기술을 개발하는 것을 돕는 데 있다.	목표 : • 우리가 당연하게 받아들이지만, 보다 면밀히 검토될 필요가 있는 생활 요소들-패스트푸드, 전자레인지용 요리, 가정 및 가족을 위한 새로운 기술, 가족의 역할, 책임 등을 검토하는 데 있다. • 해결의 한 부분으로서 가치판단을 필요로 하는 가족의 이슈나 문제들을 탐색하도록 한다.

(계속)

전통적 교육과정 관점		비판 과학적 교육과정 관점
기술적 관점 (능력 형성 중심 접근법)	인지적 관점 (개념 중심 접근법)	비판적 관점 (실천적 문제 중심 접근법)
교수 활동 : 1. **도입** : 전자레인지 사용에 대한 학생들의 경험 확인 2. **시연** : 전자레인지 요리에 필요한 기본 기술을 보여줄 레시피 선택 → 작동법, 조리기구 등의 내용 포함 3. **시식** : 시연을 보고 준비된 요리를 맛본 후 학생들은 전자레인지 요리의 장점과 단점을 확인 4. **마무리** : 도입에서 확인된 그들의 경험을 다른 학생들과 공유, 이러한 사건이 일어난 이유 설명, 학급의 친구들과 검토	교수 활동 : (Taba의 귀납적 사고 모델) **단계 1** : 학생들의 전자레인지 사용 경험 → 전자레인지 사용법을 서술 학생들의 반응 예 : ① 피자를 데웠다. ② 아침식사를 위해 머핀을 녹여 데웠다. ③ 전자레인지용 밀크셰이크를 만들었다. ④ 오렌지 주스를 녹였다. ⑤ 저녁식사를 위해 남은 음식을 데웠다. ⑥ 아침식사용 인스턴트 오트밀을 만들었다. ⑦ 전자레인지용 피자를 만들었다. ⑧ 치킨 요리를 만들었다. ⑨ 저녁 식사용 속 채운 피망요리를 만들었다. ⑩ 케이크를 만들기 위해 버터를 녹였다. ⑪ 소시지 샌드위치를 준비했다. ⑫ 소프트볼 연습 후 저녁을 데웠다. ⑬ 치킨을 녹였다. **단계 2** : 그룹으로 묶기 과정 질문 예 : • 그들을 분류하는 근거는 무엇인가?	교수활동 : 1. 전자레인지가 가족들에게 도움을 주고 있는 모든 방식들 열거 포함될 수 있는 반응 : • 맞벌이 가족들이 식사 준비를 쉽게 하도록 한다. • 급히, 안전하게 식품을 해동할 수 있다. – 자녀들이 요리하는 데 – 바쁜 가족들이 따뜻한 식사를 하려는 그들의 선택을 쉽게 한다. 2. 개인의 한 끼분 식사를 데우는 데 초점을 맞춘 후 보다 면밀한 검토 질문 내용 : • 전자레인지의 사용이 개인적 욕구를 충족시키기는 데는 충분하지만, 가족의 욕구에는 어떨까? • 전자레인지 사용으로 편리한 이면에, 가족들이 포기하거나 희생하는 것은 없는가? 3. 학생들에게 가족들이 포기하고 있는 것들에 대해 반응하도록 한다. 학생들의 반응 : • 음식의 공유 • 그날의 일이나 감정의 공유 • 시간을 함께하는 것 • 의사소통 기술 • 돈 · 좋은 영양

(계속)

전통적 교육과정 관점		비판 과학적 교육과정 관점
기술적 관점 (능력 형성 중심 접근법)	인지적 관점 (개념 중심 접근법)	비판적 관점 (실천적 문제 중심 접근법)
	• 이러한 사용법들은 어떤 공통점이 있는가? • 이러한 사용법 중 어떤 것은 하나 이상의 그룹에 속하는가? 설명해라. 단계 3 : 라벨 붙이기 <u>과정 질문 예 :</u> • 이러한 그룹에는 어떤 라벨을 붙일 수 있는가? • 그 라벨이 왜 적절한가? • 그들이 어떻게 비슷한 지 설명해라. <u>분류와 라벨 예시 :</u> • 음식 다시 데우기 ①, ②, ⑤, ⑫ • 음식 해동하기 ②, ④, ⑦, ⑬ • 인스턴트식품 준비하기 ③, ⑥, ⑦, ⑧, ⑪ 단계 4와 5 : 특징 확인하기와 그 항목들 설명하기 <u>과정 질문 예 :</u> 단계 6 : 일반화하기 단계 7 : 결과 예측하기 단계 8과 9 : 예측을 설명하기, 지지하기, 그리고 입증하기	4. 학생들이 다양한 관점에서 '개별식사 대 가족식사'를 하나의 문제로 인식하도록 조장하는 질문하기 • '이러한 경향을 하나로 문제로 보는 사람은 누구인가', '그렇게 보지 않는 사람은 누구인가' • 다양한 관점에는 부모, 10대, 영양학자, 전자레인지용 식품 마케팅 담당 직원의 관점 등이 포함 5. 학생들이 개별 식사 준비를 위한 전자레인지의 사용에 대해 성찰하도록 돕기 위한 질문하기 • 사회나 식품점에서의 어떤 점이 개별 식사 준비 추세가 증가된다고 보는가? • '가족이 함께 식사하는 것보다 개별 식사가 더 빈번하다'라는 사실로부터 이득을 보는 사람은 누구인가? • 가족이 이득을 보는 편이 아닌데도, 왜 독신용 전자레인지 요리 에 대한 수요가 많다고 생각하는가? 6. 마무리 : 성찰하는 질문 • 전자레인지의 기술은 가족에게 긍정적으로 뿐 아니라 부정적으로도 영향을 미친다고 인식한다면, 가족에 대해 부정적인 영향을 줄이기 위해 가족구성원으로서의 여러분은 무엇을 할

(계속)

전통적 교육과정 관점		비판 과학적 교육과정 관점
기술적 관점 (능력 형성 중심 접근법)	인지적 관점 (개념 중심 접근법)	비판적 관점 (실천적 문제 중심 접근법)
		수 있는가? • 이러한 기술이 가족에게 미치는 부정적인 영향을 줄이기 위해 소비자로서 여러분은 무엇을 할 수 있는가?

자료 : Kowalczyk, Neels, & Sholl(1990)의 논문에서 저자가 표로 작성.

03 실천적 문제 중심 수업과 능력 형성 중심 수업 사례[18]

본 수업은 실생활에서 직면하는 인간의 문제에 초점을 맞추어, 학생들이 살아가는 현실 세계의 문제 해결에 필요한 역량을 길러줄 수 있는 교육과정인 실천적 문제 중심 교육과정에 근거한 식생활교육용 수업을 개발하여 적용한 후, 실천적 문제 중심 수업[19]과 기 개발된 능력형성 중심 수업[20]과의 비교를 통해 중학생 단계의 학생들에게 효과적인 식생활교육 방법을 알아보고자 한 연구의 일환으로 실천한 수업 사례이다.

18) 본 수업은 서울대학교 석사 학위논문의 일부임(김지원, 2007).

19) 실천적 문제 중심 교육과정에 기초해 자신 및 가족이 당면한 실천문제와 관련하여 가족들이 도덕적으로 타당한 판단을 할 수 있도록 도와주기 위해 Laster(1982)가 개발한 실천적 행동 교수 모형을 적용한 가정과 수업

20) 능력형성 중심 교육과정에 기초해 가정인 및 직업인으로서 필요한 기술과 지식을 개발하기 위한 가정과 수업. 정상진(2007)이 2006년도 부천시 오정구 보건소의 건강증진 사업의 일환으로 개발한 능력형성 중심 교수-학습 과정안을 본 연구자가 개발한 실천 문제 중심 수업 교수-학습과정안과 비교를 위해 재구성해서 사용했다.

1 실천적 문제 중심 수업 – 교수–학습과정안 및 학습자료 예시(1차시)

(1) 실천적 문제 및 교수–학습활동 예시

실천적 문제 1 : 아침식사를 하기 위해 우리들은 어떤 노력을 해야 하는가?		
단 계	교수–학습과정	비 고
도 입	• 수업 환경 점검 및 준비 • 전시 내용 확인 및 주의 포착 • 학습목표 안내 – 아침식사를 해야 하는 이유를 2가지 이상 제시할 수 있다. – -아침식사를 하지 못하는 원인을 파악할 수 있으며, 이를 극복하기 위한 우리들이 할 수 있는 실천방안을 제시할 수 있다. – 실천문제해결 과정을 이해 · 적용할 수 있다.	ppt #1 ppt #2 ppt #3 (학습목표)
전 개 – 문제 인식하기 – 실천적 추론하기 – 행동하기	• 아침 식사의 중요성 및 아침 결식의 장애 요인 인식 • 문제해결과정 설명 • 학습참고자료 2를 활용해서 문제해결과정 단계별 이해하기 • 문제 규명 : 학습참고자료 1 중 하나를 선택해서 학습활동지 1에 붙이고 하위 실천문제 정하기(모둠별) • 학습활동지 1의 2번, 3번, 4번, 5번 하기 • 모둠별 토의 결과 발표(학습활동지 2에 장애상황과 해결방안 기록) • 자신에게 해당하는 장애 요인 극복하기	ppt #4~#6 ppt #7(실천문제 해결과정) 학습참고자료 1(실천문제 시나리오), 학습참고자료 2(사례 예시) 학습활동지 1 학습활동지 2
정리 및 평가	• 아침식사의 중요성 확인 • 실천적 문제 해결 과정 확인 • 평가서 작성 및 차시 예고(과제 제시)	ppt #6 ppt #7 과제 : 학습활동지 2

(2) 학습활동지 예시

학습활동지 1	1학년 (　　)반　모둠명 :

※ 뽑은 사례(학습참고자료1)를 빈칸에 붙인 후, 다음의 질문들을 모둠별로 의견을 나누어 보자.

1. 문제 인식
   - 해결해야할 문제는 무엇인가요?
   - 문제를 해결하는데 장애가 되는 요인들은 무엇인가요?
2. 정보 탐색
   - 장애 요인들을 해결하기위해 어떤 정보가 필요할까요? 필요한 정보를 얻기 위해 어디를 찾아보아야 할까요?
   - 찾은 정보가 장애 요인들을 해결하기에 적절한가요?
3. 대안 평가
   - 위의 정보들을 사용하여 문제를 해결하기 위해 어떤 방법이 가능한가요?
   - 각 방법을 선택할 때, 자신과 친구, 가족 및 사회에 어떤 영향을 미칠까요?

	자신	친구	가족	사회
1				
2				
3				

4. 행동 선택
   - 그 중에 최선의 방법과 그 기준은 무엇인가요?
   - 선택한 행동의 실행 순서와 날짜를 정해봅시다.
5. 결과 평가
   - 실행결과가 나와 다른 사람에게 최선이었나요? 그렇다면 혹은 그렇지 못하다면 그 이유는 무엇인가요?
   - 내가 어머니일 경우에도 같은 결정을 했을까요?
   - 이 문제해결과정을 거치면서 무엇을 배웠나요?

(3) 실천적 문제 시나리오 예시

학습참고 자료 1	아침식사 장애 상황 사례
아	최근 인터넷 게임에서 새로운 길드장이 된 윤호는 어제 길드전이 있어 그 홍보와 게임 참여 때문에 자정이 훨씬 넘어서야 잠자리에 들었다. 아슬아슬하게 이긴 탓인지 흥분이 가라앉지 않아 한참을 뒤척이다가 겨우 단잠에 빠져들고 있는데 어머니가 어깨를 흔드셨다. "윤호야, 밥 먹고 학교 가야지." "싫어, 10분 더 잘래." 닫히려는 교문을 후다닥 뛰어 들어간 윤호는 2교시가 끝나고 배가 고파 매점에서 초코머핀을 사먹었다. 달고 기름진 맛이 입안에 남아있어서인지 정작 점심시간에 급식은 절반도 넘게 남기고 말았다. 그리고 청소시간엔 또 배가 고프고 기운이 없어 친구들에게 짜증을 내면서 매점으로 발걸음을 향했다.
침	재중이네 부모님은 빵집을 하신다. 부모님은 새벽에 잊지 않고 아침을 차려두고 출근하시지만, 재중이가 일어날 즈음엔 만들어두신 모든 음식이 차갑게 식어있다. 재중이와 동생은 부모님께 고마운 마음과 안 먹으면 혼날까하는 걱정에 맛없는 식사를 이리저리 먹는 척 헤집어놓고 학교로 갔다. 1교시는 국어였다. 선생님의 책 읽으시는 소리가 점점 멀어지는 느낌이었는데, 갑자기 머리가 '쾅' 울리더니 이마가 아팠다. "재중이 일어나서 뒤에 가서 서 있어. 첫 시간부터 조는 것도 모자라 머리를 책상에 부딪혀서 다른 친구들 수업까지 방해하다니…"
을	유천이는 워낙 모든 운동을 다 잘하는 편이라 초등학교 때부터 체육시간에 시범담당이었다. 바로 집 뒤에 있었던 초등학교와는 달리 걸어서 30분 거리에 있는 중학교까지 유천이는 입학 때부터 뛰어서 등교했다. 아침식사를 하면 속이 더부룩한 것 같이 느껴지는데다가 뛰어서 등교를 한 후에는 배가 아파서, 유천이는 중학교에 들어오고부터 아침식사를 하지 않았다. 그래서인지 펄펄 나는 오후 체육수업과는 달리 오전 체육수업엔 왠지 기운이 없고 자꾸 실수를 해 어느 틈엔가 선생님도 다른 친구에게 시범을 보이라고 지적하시기 시작했다. 유천이는 오전 체육수업이 있는 날은 학교 가기가 싫어졌다.
먹	준수는 가을이라 그런지 눈에 보이는 건 다 먹고 싶었다. 식욕이 늘어나면서 몸무게도 늘어 다이어트를 하기로 결심했다. 복잡한 다이어트 방법은 힘이 들어 가장 쉽게 안 먹으면 빠지려니 하고 한 끼를 굶기로 했다. 점심은 학교에서 저녁은 학원가기 전에 친구들과 같이 먹기 때문에 건너뛰기가 어려웠다. 먹지 않으면 친구들에게 다이어트 중이라고 밝혀야 되고, 그러면 놀림을 당할 수도 있었다. 그래서 혼자 먹는 아침을 굶었다. 처음엔 배가 고픈 것 같다가 참을만했는데, 3교시가 지나니 배속

(계속)

학습참고 자료 1	아침식사 장애 상황 사례
먹	에서 전쟁이 난 것 같았다. 겨우 점심시간까지 허기를 견디고 급식을 보는 순간 정신이 아득해져 정신없이 먹었다. 평소 먹는 양으론 도저히 충분하지 않아 한 번 더 받아먹었지만, 배가 부른데도 뭔가 부족하다는 느낌이 가시질 않았다.
자	창민이는 주변의 중 · 고등학생 형, 누나들과 어른들이 바쁜 듯 아침식사를 거르는 것을 보며 자랐다. 그래서 창민이는 아침식사를 먹을 시간이 없도록 바쁜 것이 어른스러운 일이라 여겨져, 중학생이 되고부터 아침식사를 먹지 않기 시작했다. 아침식사 말고도 중학생이 된 창민이가 잃어버린 것이 있었다. 모두에게 친절하고 씩씩한 성격의 창민이는 초등학교 때까지 학급 전체가 친구였다. 중학교에 오면서 왠지 짜증이 늘고 참을성이 부족해져 주변사람들과 부딪히는 일이 많아져, 창민이는 중학교에서 새로운 친구를 사귀지 못하고 있다.

(4) '문제인식하기' ppt 자료 예시

ppt #4 ppt #5 ppt #6

2 능력 형성 중심 수업 – 교수–학습과정안 및 학습자료 예시(1차시)

(1) 학습주제

아침 식사의 필요성, 아침 섭취를 위한 장애 요인 극복

(2) 준비물

• Power Point 자료	• 사전 인터뷰 동영상	• 삽화(비교 만화)
• 요가, 스트레칭 사진	• 연예인 동영상 캡처	• S대 학생 동영상 캡처
• Act 1, 2 : 각 조에 용지 한 장 씩, 각 조에 색연필 한 세트씩		• 리플릿

(3) 소요 시간(총 30분)

학습활동	소요시간(분)
도입 : 인사하기, 학습 목표 제시	1
동기 유발 : 아침식사에 대한 학생들의 생각	5
전개 Ⅰ : 아침 식사 장애요인	3
전개 Ⅱ : 아침 식사의 중요성	10
전개 Ⅲ : 아침 식사 장애요인 극복방법	11
요약 및 정리 : 요약, 정리	1

(4) 학습 목표

- 아침 식사를 해야 하는 이유를 알 수 있다.
- 아침을 먹지 못하는 원인을 찾아보고 해결책을 알 수 있다.

(5) 교수-학습 활동 예시

개요	슬라이드	시간	참고 사항	발표 내용	
				교 사	학 생
도입	1	1	조 구성	1. 인사하기 : 자기소개 2. 간략한 수업 내용 소개 : 왜 학생들이 아침을 먹지 않는 걸까요? 이 시간을 통해서 아침식사를 하지 못하는 이유에 대해 알아보고, 아침식사가 왜 중요한지, 이와 함께 아침식사를 방해하는 요인들을 알아보겠습니다.	
동기 유발	2	4	Act 1	1. 아침밥에 대해 떠오르는 생각	조별 브레인스토밍

(계속)

<table>
<tr><th rowspan="2">개요</th><th rowspan="2">슬라이드</th><th rowspan="2">시간</th><th rowspan="2">참고 사항</th><th colspan="2">발표 내용</th></tr>
<tr><th>교 사</th><th>학 생</th></tr>
<tr><td rowspan="2">전개 I</td><td>3</td><td>3</td><td>동영상 인터뷰 1</td><td>1. 사전 인터뷰 동영상 감상 : 아침을 먹지 않는 이유
2. 학생들에게 질문 : 여러분은 왜 아침을 먹지 않았나요?</td><td>학생들의 대답 :</td></tr>
<tr><td>4</td><td>1</td><td>아침 먹지 않는 이유 BEST 5</td><td>3. 학생들의 이유 정리 : 식욕이 없어서, 아침에 늦게 일어나 시간이 없어서, 또 다이어트를 위해서, 먹지 않는 게 습관이라 오히려 먹으면 소화가 안 되기도 한다고 하네요.”</td><td></td></tr>
<tr><td rowspan="9">전개 II</td><td>5</td><td rowspan="3">2</td><td></td><td>1. 아침식사를 하지 않는 학생 삽화 : 아침을 먹지 않는 학생들이 생활을 하면서 겪게 되는 일상적인 사례</td><td></td></tr>
<tr><td>6</td><td>수업 시간 삽화</td><td>• 수업시간 : 아침을 먹지 않아 집중이 안 돼서 졸고 있는 모습입니다.</td><td></td></tr>
<tr><td>7</td><td>체육 시간 삽화</td><td>• 체육시간 : 역시 기운이 없고 너무 힘들어 하고 있죠?</td><td></td></tr>
<tr><td>8</td><td rowspan="2">2</td><td>쉬는 시간 삽화</td><td>• 쉬는 시간 : 아침을 먹지 않아 배가 고프니 쉬는 시간에 군것질을 아주 많이 하게 되죠? 이렇게 군것질을 하게 되면 점심시간에 입맛이 떨어질 수 있습니다.</td><td></td></tr>
<tr><td>9</td><td>급식시간 삽화</td><td>• 급식시간</td><td></td></tr>
<tr><td>10</td><td>2</td><td>동영상 인터뷰 2</td><td>2. 아침식사 여부에 따른 차이점 동영상 감상</td><td>대답을 유도</td></tr>
<tr><td>11</td><td>1</td><td>비교요약 정리화면</td><td>3. 비교 요약정리
<table><tr><td>하는 학생</td><td>하지 않는 학생</td></tr><tr><td>활기찬 하루의 시작!!</td><td>피곤한 하루의 연속!</td></tr><tr><td>집중력이 좋아져요!!</td><td>집중이 안돼요~</td></tr><tr><td>건강에 좋아요!!</td><td>속이 안 좋아요</td></tr><tr><td>성공하는 사람들의 습관</td><td>폭식하기 쉽죠~</td></tr></table></td><td></td></tr>
<tr><td>12</td><td rowspan="2">2</td><td></td><td>왜 이런 차이가 나는 걸까요?”</td><td></td></tr>
<tr><td>13</td><td>뇌 그림 화면
Break fast 화면</td><td>4. 아침식사 관련 과학적 지식 제공
(1) 뇌의 에너지원 포도당
• 뇌 화면
• Break fast 화면</td><td></td></tr>
</table>

(계속)

개요	슬라이드	시간	참고 사항	발표 내용	
				교 사	학 생
전개 II	14	2	동영상	• 포도당의 뇌에서의 작용	
	15	2	동영상	(2) 아침과 비만과의 관계	
	16		악순환 삽화	• 아침식사와 비만과의 관계를 좀 더 구체적으로 일상생활과 연관하여 표현한 것	
	17	1	아침밥 중요성 요약	5. 아침밥의 중요성 : 고른 영양섭취고, 학습능력 향상, 적절한 성장발육, 적정 체중 유지	
	18				
전개 III	19	4	Act 2	6. 아침밥을 먹을 수 있는 방법 : 학생들이 생각하는 방법들	조별 브레인스토밍
	20	2	연예인 동영상 1	(1) 시간이 부족할 경우	
	21		연예인 동영상 2	• 배슬기 영상(본 뒤) : 밥과 국 등으로 아침식사를 하기도 하지만 시간이 부족할 땐 시리얼, 빵, 과일 등 여러 방법으로 아침을 먹고 있었습니다.	
	22	2	동영상	• 모 명문대 기숙사의 97% 학생들이 아침을 먹는다고 하네요.	
	23	2		(2) 아침 식욕 개선 방법 제시 : 간단한 스트레칭	
	24		스트레칭 장면	• 스트레칭 동작 사진 : 간단한 동작을 보여주고 시범	따라 하기
	25		장면	• 물 마시는 장면	
	26		장면	• 야식 그만!! 장면	
	27	2		• 아침식사의 다양한 방법 제시	
	28		기본 밥상	• 기본적으로 밥과 국이 있는 식단	
	29		변형식 1	• 식빵과 스크램블을 이용한 식단 : 식빵+스크램블+샐러드+귤+호상요구르트	
	30		변형식 2	• 죽+샐러드+김치+귤+우유	
	31		변형식 3	• 떡+삶은 달걀+샐러드+바나나+두유	
	32	1	리플릿 샘플 1	7. 리플릿 소개 : 스스로 확인 할 수 있는 리플릿 • 리플릿 이용 방법 1	
	33		리플릿 샘플 2	• 리플릿 이용 방법 2	

(계속)

개요	슬라이드	시간	참고 사항	발표 내용	
				교 사	학 생
요약 정리	34	1		• 정리 : 아침식사를 하지 못하는 많은 이유, 아침식사의 중요성, 그리고 아침 섭취를 위한 장애 요인 극복하는 방법 • 차시예고 : 식사구성안을 통해서 균형 있게 식사하는 방법	

제2장

실천적 문제 개발

실천적 문제 중심 수업에서 수업의 관점을 정하고 난 다음 생각해야 할 것이 '실천적 문제를 어떻게 개발할 것인가'이다. 이를 위해서는 교육과정 문서에서부터 가정과 가족의 항구적이고 실천적인 문제 중심으로 구성되어야 한다(Laster, 2008). 그러나 현재의 교육과정이 배경학문인 가정학의 구조로부터 개념과 지식, 이론의 교육내용 구조를 구성되어 있으므로(유태명, 2006), 교사들은 교육과정을 실천적 문제 중심으로 재구성하는 과정을 이해할 필요가 있다. 따라서 본 장에서는 2007년 개정 교육과정과 해설서를 중심으로 교육과정을 실천적 문제 중심으로 재구성하는 방법을 먼저 소개한 후, 교사가 수업에서 구체적으로 어떻게 실천적 문제를 개발할 것인가를 안내하고자 한다.

01 교육과정을 기초로 실천적 문제 재구성

학문 중심 교육과정으로 개발된 가정과 교육과정과 교육과정 해설서 내용을 중심으로 실천적 문제 중심 교육과정으로 재구성하려면 먼저 그 범위를 설정해야 한다. 따라서 본 교재에서는 〈그림 2.1〉과 같이 실천적 문제 중심 교육과정을 실행함에 있어서 급진적인 교육과정 혁신보다는 점진적으로 교육 현장에 실천할 수 있도록 level과 phase를 제시한 미국 오리건 교육과정 모델(Oregon Department of Education, 1996a)을 기초하여, 교육과정 재구성의 수준을 〈그림 2.1〉의 Level 2에 해당하는 관점으로 교육과정을 재구성하는 방법을 설명할 것이다.

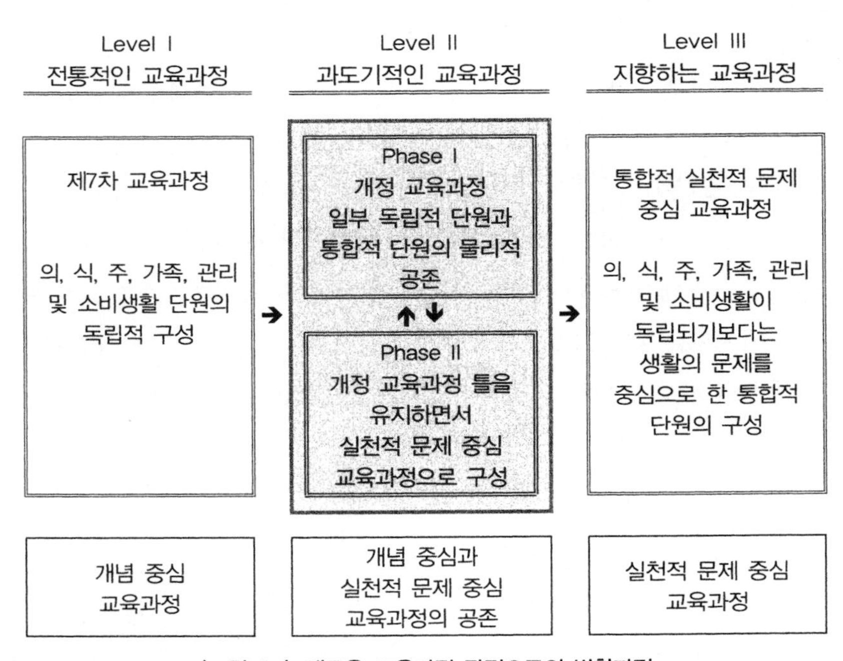

〈그림 2.1〉 새로운 교육과정 관점으로의 변환과정

1 교육과정 재구성 사례 1 – 오리건 주의 전환 방식 차용

본 장에서는 〈표 2.6〉과 같이 오리건 주의 변환과정을 기초로 항구적 문제와 이와 관련한 실천적 문제를 추출한 오경선(2010)의 논문을 중심으로 교육과정 재구성 방법을 설명하고자 한다. 〈표 2.6〉의 전환 방법은 전통적 교육과정에서 주제를 중심으로 제시하는 방식에서 '(주제)에 대해 우리는 무엇을 해야 하는가?' 라는 형식의 실천적 문제 교육과정의 내용 구성 방법으로 전환시키는 방법이다.

〈표 2.6〉에서 제시한 '오리건 주의 교육과정 전환 방법'을 사용하여, 항구적인 문제와 이와 관련한 실천적 문제를 2007년 개정 가정과 교육과정과 교육과정 해설서의 내용을 바탕으로 추출할 수 있다. 먼저, 항구적인 문제는 가장 일반적인 관심사항이므로 각 학년의 대단원 목표를 통해 다루고자 하는 주제를 파악한 후, 그것을 실천적 문제 형태로 전환시킬 수 있다. 다음으로, 항구적인 문제와 관련한 실천적 문제는 대단원에 속한 중단원의 목표와 학습내용을 바탕으로 주제를 파악한 후, 실천적 문제 형태로 전환시킬 수 있다(표 2.7 참조).

〈표 2.6〉 오리건 주의 실천적 문제 중심으로의 전환방법 예시

전통적인 교육과정(level1)	과도기적 교육과정(level1 phase2)
주제(Topic) 접근 방식 • 자신, 가족, 친구에 대한 이해 • 자녀 돌보기 • 의복관리와 바느질 기초 • 영양 간식의 계획 및 준비하기 • 개인생활 공간 • 인적자원 관리 • 진로	실천적 문제 중심 단원의 개발 • (**주제**)에 대해 우리는 무엇을 해야 하는가? 예) 가족과 친구와의 관계에 대해 우리는 무엇을 해야만 하는가?

자료 : Oregon Department of Education(1996a : 24-25).

〈표 2.7〉 2007년 개정 교육과정에서 항구적 문제와 실천적 문제 추출 예시[21]

2007년 개정 가정과 교육과정	실천적 문제 중심 교육과정
단원 : 청소년의 이해 • **대단원 목표** : 청소년의 발달 특성을 이해하여 긍정적 자아정체감을 형성하고, 건전한 성 가치관을 확립하며, 시간, 여가, 스트레스와 같은 청소년의 당면 문제를 자율적으로 해결한다. → 주제 : 청소년의 발달	항구적인 문제 : 청소년의 발달을 촉진시키기 위해 우리는 무엇을 해야 하나?
• **중단원 목표** : 청소년기의 신체적, 정서적, 사회적 발달 특성을 이해하여, 긍정적인 자아정체감을 형성한다. • **학습내용** : 청소년기의 신체적, 인지적, 사회 정서적 발달 특성, 긍정적인 자아정체감 형성(미형성에 대한 문제인식), 사회에서 기대하는 바람직한 청소년상 이해 → 주제 : 긍정적인 자아 정체감 형성하기	실천적 생활 문제 : 긍정적인 자아 정체감을 형성하기 위해 우리는 무엇을 해야 하나?

자료 : 오경선(2010 : 18) 재구성.

2 교육과정 재구성 사례 2 – 가정학 하위 영역 통합

학문 중심의 교육과정에서는 배경학문의 구조로부터 개념과 지식, 이론의 교육내용 구조를 구성하므로 각 영역을 분리하게 된다. 실천적 문제 중심 교육과정에서는 문제를 다루는 데 필요할 경우 영역을 통합적으로 다루는 것이 바람직하다. 왜냐하면 대부분 생활의 문제는 가정학의 고유한 하나의 영역에서만 일어나지 않으며 그 해결도 여러 영역의 지식에 기초하여야 할 경우가 대부분이기 때문이다. 예를 들어 청소년의 자아

21) 오경선(2010)은 〈표 2.7〉의 방식으로 2007년 개정 가정과 교육과정과 교육과정 해설서의 내용으로부터 총 6개의 항구적인 문제와 28개의 관련 실천적 생활 문제를 추출하였다.

존중감은 가족단원에서 청소년의 발달 특징과 관련된 이론을 학습하는 것에 국한하지 않고 식생활의 건강, 식사, 영양, 비만, 의생활을 통한 자기표현, 자아 이미지, 가족관계와 또래집단과의 관계를 통한 자아정체감 형성, 대중문화, 소비생활 등의 다양한 가정학의 영역과 관련되어 있기 때문이다. 그러므로 실천적 문제 중심 교육과정에서는 가정과 수업에서 배운 것과 실제 각자의 생활이 긴밀하게 관련되어 있어서 학습의 효과가 매우 높으며 동기부여가 자발적이다.

2007년 개정 교육과정에서 일부 대단원이 종래의 가정학의 모학문의 구조에서 탈피하여 의, 식, 주가 통합된 점에 대해 발전적이라는 평가가 내려졌다. 그러나 원래 실천적 문제 중심 교육과정 접근 방법으로 개발하여 제안된 원래의 안에서 결과적으로 대단원 수준의 의, 식, 주의 통합이라는 형식으로 바뀌어 실천적 문제 중심의 접근 방법이 일부 수용되었다. 이와 같은 상황에서 교육과정에 제시된 내용체계표만 보고 자칫 실천적 문제 중심 교육과정의 본질에 대한 오해를 불러일으킬 수 있는 소지가 있다. 왜냐하면 대단원명은 통합적이나, 중단원 수준을 살펴보면 종래의 의, 식, 주 단원을 재배열하는데 그쳤으며 이는 학년별 내용을 보면 잘 알 수 있다. 학년별 내용을 교과서로 집필하고 이를 바탕으로 구현되는 가정과 수업을 예견할 때 이전의 교육과정에서 크게 발전할 수 있을지 의문이 든다. 통합적으로 대단원이 구성된 예로 대단원 '청소년의 생활', '가족의 생활', '가정생활의 실제' 단원을 들 수 있는데 각각의 학년별 내용은 이전의 교육과정의 틀을 벗어나지 못하고 있다. 2007 개정 교육과정의 학년별 내용〈표 2.8〉과 같은 내용구조로도 정렬될 수 있다.

이 〈표 2.8〉에서 제 7차 교육과정은 식, 의, 주의 종렬로 내용이 구성된 반면에 이번 제 2007 개정 교육과정에서는 청소년의 생활, 가족의 생활, 가족생활의 실제를 중심으로 횡렬로 통합된 모습을 보여준다. 그러나 앞서 지적한 바와 같이 교육내용체계와 이에 준해 개발된 교과서

〈표 2.8〉 2007년 개정 교육과정 일부 대단원의 내용구조

구 분	식	의	주	가 족	자 원
청소년의 생활	청소년의 영양과 식사	옷차림과 자기표현			청소년의 소비생활
가족의 생활	식단과 식품 선택	의복의 선택과 관리	주거와 거주 환경		
가정생활의 실제	식사 준비와 예절	옷 만들기와 고쳐 입기	주거 공간 활용		

자료 : 유태명, 이수희(2008 : 81).

를 보면 실제 단위 수업에서의 내용은 제 7차와 2007 개정 교육과정의 차이가 실제적으로는 별로 없다. 따라서 2007 개정 교육과정 교육내용을 그대로 유지하면서 실천적 문제 중심 교육과정으로 전환하여 〈청소년의 생활〉 단원과 관계되는 실천적 문제의 예를 제안해 보면 다음과 같다(유태명 · 이수희, 2008).

- 청소년이 자율적으로 생활하기 위하여 식, 의, 소비생활과 관련하여 무엇을 하여야 하는가?
- 청소년이 자아존중감을 높이기 위하여 식, 의, 소비생활과 관련하여 무엇을 하여야 하는가?
- 청소년이 건강하게 생활하기 위하여 식, 의, 소비생활과 관련하여 무엇을 하여야 하는가?

이와 같은 예의 실천적 문제를 제시하면 학생들은 식, 의, 소비생활에 국한하지 않고 주생활, 진로, 가족생활 등 가정생활 전반에서 자율적인 생활 혹은 자아존중감을 높이기 위하여 또는 건강한 생활을 영위하기 위하여 청소년 자신의 생활을 바라보는 안목을 기를 수 있게 된다. 또한 의, 식, 소비생활이라 할 때 내용을 너무 좁게 제한하지 않아도 좋을 것이

다. 교과서 집필진은 다양하게 청소년이 자율적으로, 자아존중감을 높일 수 있도록, 건강하게 생활할 수 있도록 교육내용 구성을 제안할 것이다. "무엇을 하여야 하는가?"는 "어떤 행동을 하여야 하는가?"나 "무엇을 행해야 하는가?" 등과 같은 의미로 다양한 표현으로 문제로 전환시킬 수 있다. 또한 문제로 전환할 경우 학생들은 자신을 그 행동의 주체로 인식하기 쉬우나, 학문 내용 영역으로 의, 식, 주를 학습할 때는 객관적인 지식과 이론으로 보는 데 그치고 나와의 관련성을 인식하기 쉽지 않다.

02 학생들의 개인, 가족 · 가정생활 실태 진단을 기초로 실천적 문제 재구성하기

학생들의 개인, 가족 · 가정생활 실태 진단을 통해 실천적 문제를 추출할 수 있다(표 2.9 참조). 실태조사 결과, 학생들은 가정과 수업을 통해 자신들의 실제적인 문제를 스스로 해결하는 능력이 길러지기를 원하고 있었으며, 여러 연구들(구본용, 김병석, 임은미, 1996; 구본용, 이명선, 조은경, 1994; 김지선, 1996; 배영미, 1998a, 1998b)에서도 학교교육을 통해 긍정적인 자아개념 형성 등 자기관리 능력을 기를 수 있는 교육이 필요함을 시사하고 있다. 또한 학생들에게 의사소통 능력 및 가족 · 가정의 문제를 해결하는 능력을 기르는 교육 즉, 이치에 맞는 판단, 훌륭한 의사결정, 성공적인 의사소통과 타협, 갈등상황과 문제의 해결, 책임 및 협동 등에 관한 훈련, 비판적이고 창의적인 사고기술의 형성 등의 교육이 필요함을 시사해 주고 있다. 그 외, 건강하고 행복한 가정을 만들기 위해 학생들은 가족 · 가정의 문제를 해결하는 능력, 위기관리 능력, 학생들은 현명한 부모가 되기 위한 부모 준비교육이 필요함을 알 수 있다.

이러한 실태에서 학생들이 현재에 직면하고 있는 문제 및 미래 직면할 수 있는 문제를 추출할 수 있다(표 2.9 참조). 또한 이러한 문제를 구체적 시나리오를 만들어 수업 상황에 가져올 수도 있다. 이 부분은 다음 장에서 자세히 설명하고자 한다.

〈표 2.9〉 학습자들의 실제적인 문제와 미국 가정과 교육내용

해결을 원하는 실제적 문제영역	본 연구의 내용(%) (N=108,복수 응답 가능)	오하이오 주 중학교 가정과 교육내용	오리건 주 중학교 가정과 교육내용
개인 문제	• 인간관계(86.9) : 교우관계, 이성관계, 대인관계 및 적응 • 학업 및 진학, 장래문제(100) • 자신감 부족, 자신의 성격 및 행동문제(97.2) • 외모 · 키 · 몸무게(69.4) • 흡연 · 약물중독 · 술 · 자살(23.1) • 기타(1.9)	• 동료관계 : 우정, 동료의 압력, 데이팅 • 직업 : 자기평가, 직업선택 및 찾기 • 자아형성 : 자존감, 가치, 태도, 목표, 정서, 자기조절 • 개인적 용모 : 개인적 이미지 등 • 건강한 생활양식 : 체중조절, 무질서한 식습관, 약물남용, 자살 등	• 대인관계 : 긍정적 관계, 우정, 다른 사람의 독특성 인정하기, 동료의 압력 • 진로선택 • 자아존중감 강화 • 각자의 독특성 확인
가족 · 가정 문제	• 경제적 문제(82.4) • 아버지 문제(9.3) • 가정의 갈등문제(38.9) • 가족의 대화시간 부족(18.5) • 부모와의 관계 · 의사소통문제(40.7) • 부모의 양육태도 문제(10.2) • 형제 문제(39.8) • 기타(10.2)	• 경제적 자원: 수입획득 • 의사소통 : 의사소통 기술, 주장훈련, 갈등관리 등 • 가족관계 • 가족의 본질 • 가족역할과 기능 • 건강한 가족 • 부모/아동관계 • 형제자매관계 • 가족위기와 스트레스 • 가족폭력 등	• 가족구성원 간의 건강한 의사소통 • 긍정적인 방식으로 갈등 다루기 • 자녀돌보는 일에서의 부모와 형제의 영향 • 양육 • 자녀와 보살피는 사람과의 권위 • 가족위기 다루기 • 인종적 · 민족적 · 문화적 다양성 받아들이기

(계속)

해결을 원하는 실제적 문제영역	본 연구의 내용(%) (N=108,복수 응답 가능)	오하이오 주 중학교 가정과 교육내용	오리건 주 중학교 가정과 교육내용
일상 생활 문제 (의·식·주 및 경제 생활)	• 소비생활의 문제(54.6) : 과소비, 절약문제, 충동구매, 합리적 소비, 외제 선호 등 • 에너지/자원관리 문제(8.3) • 경제문제(13.0) : 물가안정, 교육비 등 • 자신 및 가족의 건강문제(38.9) • 식생활개선(0.9) • 주거 문제(3.7) • 주거환경(3.7) • 기타(1.9)	• 개인 및 경제적 자원 : 자원사용, 시간관리, 소비양식, 가계 등 • 건강한 생활양식 : 복지와 건강, 식품선택, 영양, 스트레스 등 • 생활환경 : 주거 공간, 개인생활 공간 등	• 소비자 책임 : 식품선택에 영향을 미치는 매체의 힘, 안전한 식품공급, 자원의 책임 있는 사용 • 가족관계에서 일의 필요성 • 시간과 돈을 위한 우선순위 매기기 • 일과 가족생활의 균형 : 사춘기 영양상태의 향상, 식품소비와 관련된 사회적 가치, 활동하는 가족의 식사준비
환경 및 사회 문제	• 학교·성폭력 및 성문제(36.1) • 환경문제(56.5) : 재활용, 분리수거, 소음, 폐수 등 • 복지(12.0) : 여성 및 청소년 복지 • 청소년 비행(6.5) • 인간존중 및 도덕성 문제(5.6) • 기타(10.2) : 교육환경, 빈부격차	• 성 : 성에 관한 의사결정, 십대 임신 • 생활환경 : 세계환경에 대한 관심 • 자아형성 : 가치와 태도 • 생활환경 : 함께 사는 책임	• 보살펴 주는 지역사회 만들기 : 지역 주민간의 갈등, 경제적 혜택이 필요한 사람 욕구 충족, 사춘기의 소속 욕구 • 교육과 일의 역할 인식 : 가족 책임으로서의 일의 요구, 경제적 복지를 위한 교육의 중요성, 가족복지를 위한 교육 • 지역사회에서 개인 및 가족 간의 관계의식 향상: 사회적 책임, 가족복지 관련 문제, 지역사회 구축

자료 : 이수희(1999 : 159) 재구성.

03 미국의 실천적 문제 중심 교육과정으로부터의 시사

오하이오 주, 오리건 주, 메릴랜드 주, 위스콘신 주 등 미국의 선진 주들의 실천적 문제 중심 교육과정의 실제를 통해 시사점을 얻을 수 있다(표 2.9~2.11 참조). 그 이유는 이러한 주들은 청소년들의 발달과업, 중학생들이 직면하는 문제 및 관심사에 초점을 맞추어 선정하고 있기 때문이다(이수희, 1999). 구체적 사례를 제시하면 다음과 같다.

첫째, 〈표 2.9〉의 오하이오 주의 사례는 기술적 행동체계 중시형 교육과정의 예시로, 현재 우리 우리나라 교육과정으로 수업을 할 경우 가장 쉽게 활용할 수 있다. 예를 들면, 2007년 개정 교육과정의 7학년 '청소년의 이해' 단원에서 '청소년기의 신체적, 정서적, 사회적 발달 특성을 이해하여, 긍정적인 자아 정체감을 형성한다.'로 되어 있다. 이를 해설하면 '청소년의 이해' 단원의 하위 단원-청소년의 신체적 발달, 정서적 발달, 사회적 발달 등에서 목표로 하는 가치 지향점은 자아정체성 형성에 두어야 한다는 의미이다. 따라서 오하이오 주의 청소년의 관심사인 '자아형성'으로부터 '자아형성과 관련 하여 나는 무엇을 해야 하는가'라는 실천적 문제를 만들 수 있는데 우리나라 '청소년의 이해' 단원에서 시사점을 얻을 수 있다. 이 실천적 문제를 다루는데 하위 개념들인 자존감, 가치, 태도, 목표, 정서, 자기조절 등의 내용을 다루게 된다.

둘째, 〈표 2.10〉은 의사소통적 행동체계 중시형 교육과정의 사례로 우리나라 2007년 개정 교육과정의 10학년 「기술 · 가정」 과목이나 11-12학년의 「가정과학」의 '자녀발달과 부모 됨'의 교육내용을 학습할 경우, 매릴랜드의 '자녀의 발달과 부모 됨' 영역에서 시사점을 얻을 수 있

〈표 2.10〉 의사소통적 행동 중시형 실천적 문제 중심 교육과정 예시(매릴랜드 주) : '자녀의 발달과 부모 됨' 영역

항구적 문제	자녀의 최상의 발달과 관련해서 무엇을 해야 하는가?
실천적 문제 I	부모 됨에 대한 의사결정과 관련하여 무엇을 해야 하는가? A. 자아 형성에 대해 무엇을 해야 하는가? B. 부모로서의 자기에 대해 무엇을 해야 하는가? C. 사회와 부모의 역할에 대해 무엇을 해야 하는가?
실천적 문제 II	자녀의 최선의 발달과 성장과 관련해서 무엇을 해야 하는가? A. 가족에 대한 자녀의 영향, 자녀에 대한 가족의 영향과 관련해서, 무엇을 해야 하는가? B. 자녀의 행복과 관련해서 무엇을 해야 하는가?
실천적 문제 III	자녀 발달과 부모로서의 실천에 대한 사회적 · 정치적 · 문화적 기대와 관련해서 무엇을 해야 하는가? A. 사회적 기대와 관련해서 무엇을 해야 하는가? B. 지역 자원과 관련해서 무엇을 해야 하는가?

다. 즉, 2007년 개정 교육과정의 10학년 '미래의 가족생활' 단원에서의 다룰 내용과 목표는 '(나) 부모됨의 의미와 역할을 깨달아 임신과 출산을 위한 신중한 의사 결정을 한다.'이며, 11-12학년에서 '가족 돌보기와 가족 복지' 단원에서는 '(가) 아동 발달 단계에 따라 변화하는 부모 역할에 필요한 능력을 기르고 개인과 가족, 사회적 측면에서 아동 복지 서비스를 탐색하고 활용함으로써 아동 양육의 질을 향상시킨다.'이다. 따라서 두 단원 모두 매릴랜드 주 교육과정의 '자녀의 발달과 부모 됨' 영역에서 '자녀의 최상의 발달과 관련해서 무엇을 해야 하는가'라는 항구적 본질을 갖는 실천적 문제를 우리나라 이 단원을 다룰 때 시사점을 얻을 수 있다는 것이다.

셋째, 〈표 2.11〉은 해방적 행동체계 중시 형 교육과정으로, 우리나라 교육과정 7-10학년의 기술 · 가정교과 및 11-12학년의 가정과학 의식생활 단원에서 사회에서의 가족의 먹거리와 관련해서 우리 가족/사회

는 무엇을 해야 하는가에 대해서 1학기 또는 1년간 실천적 추론 단계를 적용해 보고 싶을 때 시사점을 받을 수 있다.

넷째, 〈표 2.9〉의 오리건 주의 교육과정은 가정과 하위 영역 간은 물론 교과 간 통합형 실천적 문제 중심 교육과정으로, 본 단원 '교육과정 재구성 사례2'와 같이 시도해 보고자 할 때 도움을 받을 수 있다.

〈표 2.11〉 해방적 행동 중시형 실천적 문제 중심 교육과정 예시: 위스콘신 주의 「가족, 식품, 그리고 사회」 코스

항구적인 관심	• 가족을 위한 식품과 관련해서 개인, 가족, 사회는 무엇을 해야만 하는가?
모듈 A 추론단계	• 항구적인 가족문제 규명하기 • 하위 관심 : 사람들은 식품, 식품의 의미, 식품을 얻고 이용하는 방법에 대해 왜 관심을 가져야 하는가?
모듈 B 추론단계	• 항구적 가족문제의 맥락에 대한 정보 해석하기 • 하위 관심 : 식품에 대한 태도(attitudes)와 표준(norms)의 개발과 관련하여 가족은 무엇을 해야만 하는가?
모듈 C 추론단계	• 결과 평가하기 • 하위 관심 : 가족과 사회는 식품 소비 패턴과 관련하여 무엇을 해야 하는가?
모듈 D 추론단계	• 가치목표, 대안적 수단과 결과 고려하기 • 하위 관심 : 식품을 얻기 위해서 무엇을 해야 하는가?
모듈 E 추론단계	• 반성적 판단과 신중한 행동 • 하위 관심 : 개인과 가족, 사회는 식과 관련한 사항에 대해서 어떤 행동을 취해야 하는가?

제3장

실천적 문제 시나리오 제작

실천적 문제로 가정과 수업을 시작하기 위해서는 교사들이 학생들에게 학습 지원 시스템 요소들을 적절하게 제공할 필요가 있다. 맥락 묘사가 제시된 실천적 문제/딜레마 시나리오는 사회적 이슈와 권력 관계에 대한 학생들의 의식을 일깨우는데 필요하다. 문제와 문제의 맥락, 혹은 교실, 학교 혹은 공동체 속에서 일어난 삶의 경험을 묘사할 수 있는 인쇄된 이야기나 말로 전하는 이야기의 형태, 신문 기사, 사진, 동영상, 특별한 사실 혹은 통계자료가 앞서 말한 시나리오가 될 수 있다(Laster, 2008). 또한 〈표 2.9〉와 같은 실태에서 학생들이 현재에 직면하고 있는 문제 및 미래 직면할 수 있는 문제를 추출해 이러한 문제를 구체적 시나리오를 만들어 수업 상황에 가져올 수도 있다(표 2.12~2.14, 그림 2.2 참조).

이 과정에서 중요한 것은 제시된 실천적 문제 시나리오가 학생들의 문제 해결을 가능하게 하는 구체적인 조건을 포함하고 있는지, 아니면 문제가 제시되었을 때 학생들이 무엇을 해야 할지 모르는 것을 제시한 것은 아닌지 검토해야 한다. 여기서 말하는 구체적 조건이란 교육과정이나 교사가 재구성한 수업에서 다루고자 하는 개념들, 그 문제와 관련된 사회 문화적 맥락, 역사적 맥락 등을 말한다.

이때 단계적으로 적절한 추론과정 챠트나 실천적 추론 사고 활동지(reasons assembly chart/think sheet)를 사용하면 학생들의 탐구와 자료 조직을 촉진하는데 도움을 줄 수 있다. 이것들은 학생들의 ① 문제/이슈의 성공적 해결에 영향을 주는 맥락적 요인, ② 대안적 선택지들과 행동을 창조하거나 평가하는 판단기준으로서의 역할을 하게 되는 가치목표들, ③ 선택안과 행동, 그리고 ④ 선택안과 행동의 결과들에 대해서 학생들이 스스로 생각해 볼 수 있도록 도와주기 때문이다. 궁극적으로, 수합된 자료들은 제안된 행동에 대한 학생들의 추론을 명확하게 해주는 데 도움이 된다(Laster, 2008).

여기서는 실천적 문제 시나리오를 교육과정에 기초해 직접 교사가 제작하거나 신문기사, 사진, 영상자료 등 다양한 자료로부터 실천적 문제 시나리오로 활용 가능한 자료들을 소개한다.

01 직접 제작한 실천적 문제 시나리오

〈표 2.12〉는 고등학교 『가정과학』의 '가족의 영양과 건강' 단원 중 '영양 문제와 식이요법'과 관련한 내용요소를 교육과정에서 추출해 실천적 문제 시나리오를 제작한 인쇄자료 예시이다. 여기서는 먼저, 교육과정을 기초로 실천적 문제를 개발하고, 실천적 문제 해결을 위한 관련 개념-잘못된 식생활과 관련해서 발생한 질병들을 교육과정과 교육과정 해설서

에서 추출한다. 각 질병들과 관련한 잘못된 식생활을 맥락으로 실천적 문제 시나리오를 제작한다.

〈표 2.12〉 직접 제작한 실천적 문제 시나리오 예시

단원명 : 가족의 영양과 건강 실천적 문제 : 건강한 식생활을 영위하기 위해 우리는 무엇을 해야 하나
영양 문제와 식이요법 : 고혈압, 간질환, 비만, 당뇨병, 섭식장애, 동맥경화증 관련 개념: 잘못된 식생활 관련 질병의 원인, 질병의 특성에 따른 식이요법

〈잘못된 식생활 관련 질병 : 고혈압〉

진성이는 아침마다 지각을 하고 1, 2교시까지 졸기 일쑤다. 매일 밤늦게 친구들이랑 모여서 술을 마시고 노느라 집에 늦게 들어가게 되고, 잠을 몇 시간 못자서 매일 늦게 일어난다. 아침마다 엄마는 진성이에게 일어나서 밥 먹으라고 소리치면서 깨우지만 진성이는 들은 체도 하지 않는다. 2교시가 끝날 때쯤 배가 고파서 잠이 깼다. 어제 술을 지나치게 먹어서 속이 좀 쓰려서 시원한 라면 국물이 생각났다. 쉬는 시간이 되자, 진성이는 매점으로 가서 컵라면을 사서 뜨거운 국물까지 5분만에 다 먹어버렸다. 지나치게 술을 마신 날은 거의 이런 식이었다. 점심시간에는 좀 전에 먹은 라면 때문에 배가 아직 안고파서 점심을 먹지 않았다. 오늘 체육시간에는 축구를 했는데 진성이는 좋은 위치에서 기회가 와서 이때다 싶어 발 앞에 있는 공을 힘껏 걷어찼다. "아아악!!!" 순간 진성이는 뒷목이 확 땡겨 뒷목을 잡은 채 어지러움을 느끼면서 쓰러졌다. 몇 분후 운동장 한 가운데로 구급차가 들어왔다. 의사선생님은 의식을 되찾은 진성이에게 고혈압이니 앞으로 조심해야 한다고 말했다. 진성이는 공을 차다 쓰러진 당시를 떠올렸는데 아직도 아찔했다.

〈잘못된 식생활 관련 질병 : 간질환〉

고등학생 경태는 소심한 성격 때문에 어릴 적부터 학업과 친구관계에 대해서 많은 스트레스를 받아왔다. 이러한 스트레스를 해소하기 위해 경태는 자주 PC방에 게임을 하였고, 게임 하는 시간이 길어지면서 부모님과 갈등으로 인해 결국 가출을 하게 되었다. 그렇게 습관적으로 가출하게 된 경태는 나쁜 친구들과 어울려 술과 담배를 시작하게 되었다. 처음에는 어지럽고 몽롱했지만, 자신의 스트레스가 풀리는 것만 같아 기분이 좋았다. 그 이후 그 친구들과 어울리기 위해서, 자신의 스트레스를 풀기 위해서 술과 담배를 자주 이용하게 되었다. 그렇게 고등학생이 된 경태는 체육시간에 조금만 운동을 하거나 작은 일에 신경을 써도 쉽게 피로해 졌고, 모든 일에 의욕이 없었다. 주위의 친구들은 쑥쑥 성장하는데, 경태는 입맛도 없고 늘 피곤해했고, 그 때마다 또 다시 술과 담배를 찾았다.

〈잘못된 식생활 관련 질병 : 비만〉

당신은 학교에서 신체검사를 하였는데 BMI가 27(과체중, 비만)이 나왔다. 3달 전 병원에 가서 측정하였을 때는 23으로 정상이 나왔다. 3개월 동안의 당신의 변화는 부모님께서 옷가게를 시작해서 저녁 먹는 시간이 부모님이 들어오시는 시간인 오후 10시라는 것이다.

당신은 오늘 수업시간에 밤에 먹으면 살이 찌는 이유에 대한 수업을 들었다. 저녁에는 우리의 몸이 소화기계가 일을 하므로 지방의 축적이 잘 된다는 것이다. 비만에서 벗어나려면 저녁을 더 일찍 먹어야 한다고 생각한다. 하지만 부모님 없이 혼자 저녁을 먹는 것은 귀찮기도 하고 밥맛도 없어서 챙겨먹지 않게 된다. 그러한 공복을 계속 유지하다가 부모님이 10시에 들어오셔서 밥을 먹으면 배가 고파서 평소보다 더 많이 먹게 된다. 밥을 다 먹고 나면 배가 부르고 피곤함이 몰려와 잠을 자게 된다.

〈잘못된 식생활 관련 질병 : 당뇨병〉

나래는 패스트푸드를 즐겨 먹는다. 부모님이 직장을 다니시기 때문에 집에 식사가 준비되어 있을 때가 적고, 또 나래는 학교 수업이 끝나면 학원을 바로 가야하기 때문에 항상 학원 주변의 패스트푸드점에서 끼니를 때운다. 한식을 사먹어도 되지만 음식이 나오길 기다릴 시간도 없을 뿐만 아니라, 치즈나 달콤한 소스가 듬뿍 뿌려진 패스트푸드가 더 맛있고 먹고 싶다. 그리고 항상 패스트푸드를 입에 달고 있어서인지, 심지어 학교 급식은 적게 먹고 쉬는 시간에 매점에서 햄버거나 과자, 탄산음료를 사먹는다. 또, 나래는 수험생이라 항상 책상에 앉아 있으며, 체육 시간에도 앉아서 자습을 할 때가 많아 활동량이 매우 적은 편이다. 휴일이면 나가서 친구들을 만나기보다는 인터넷을 하거나 텔레비전을 보면 쉬는 것을 좋아한다. 요즘 나래는 자주 피곤하고, 소변을 자주 보며, 공복감을 자주 느껴 자꾸 무언가를 먹게 된다. 또, 눈이 피로한지, 자꾸 시력이 안 좋아지는 것 같음을 느낀다. 그래서인지 자꾸 신경이 예민해지고 공부에도 집중을 할 수가 없다.

〈잘못된 식생활 관련 질병 : 섭식장애-신경성 식욕부진증〉

수지와 다영이는 둘도 없는 친구이다. 어릴 적부터 비슷한 점이 많았던 둘은 꿈 또한 같았는데 그 꿈은 모델이 되는 것이었다. 고등학교에 들어가 각자 바쁜 나날을 보내고 있던 둘은 오랜만에 만났다. 그런데 수지는 다영이를 보고 충격을 받았다. 자신과 같은 키에 체중도 비슷했는데 지금 다영인 자신에 비해 너무도 마른 것이었다. 그러면서 44 사이즈를 입는다고 자랑을 했다. 그때부터 수지는 날씬한 몸매에도 불구하고 44 사이즈를 입기위해 체중을 줄이기 시작했다. 음식을 회피하고, 음식을 먹어도 다 토해내는 일이 일쑤였다. 다영이를 시기 질투하면서 우정에도 금이 갔다. 수지의 어머니는 딸의 이러한 행동에 가슴이 아프다.

〈잘못된 식생활 관련 질병 : 동맥경화〉

은정이는 지난 2년간 미국에서 유학생활을 한 후 한국으로 돌아왔다. 해외 연수나 유학은 필수코스라고 굳게 믿는 엄마의 성화에 고등학생이 되는 겨울방학에 은정이의 나 홀로 미국행이 감행되었던 것이다. 그러나 은정이는 미국 학교생활에 적응하지도 못했고 친구도 몇 명 사귀지 못했다. 점점 말이 없어지면서 감정을 숨기게 되었고 기름진 음식을 먹음으로써 스트레스를 풀게 되었다. 한국으로 돌아오겠다는 은정이의 울부짖음은 은정이가 (한국)고2가 끝나가는 시점에서야 받아들여졌고, 올해 경기여고 3학년으로 입학을 했다.

2년간의 유학생활에도 불구하고 영어를 유창하게 구사하지 못하는 은정이를 엄마는 이해하지 못할 뿐만 아니라, 아빠는 해외유학으로 유명한 대학에 다니는 사촌들과 은정이를 매일같이 비교했다. 이런 은정이의 스트레스는 학교에서도 계속되었다. 미국에 몇 년 살았다는 이유로 학교에 돈을 주고 입학했다는 소문이 돌면서 은정이는 은연중에 왕따가 되었고, 함께 급식을 먹을 친구조차 없어 점심시간이 괴롭기만 하다. 그래서 은정이는 점심을 거르거나 매점에서 빵이나 과자를 사서 교실에서 몰래 먹곤 한다.

하교할 때쯤이 되면 엄마는 은정이를 태우러 학교 앞으로 와 곧바로 입시학원에 데려다 주는데, 차로 이동하는 시간에 은정이가 미국에서 자주 먹던 햄버거와 콜라, 감자튀김을 저녁식사로 때운 후, 11시까지 학원에서 공부를 한다. 역시 수업이 끝나면 엄마가 은정이를 태우러 오고, 집에 도착하자마자 샌드위치나 치킨을 야식으로 먹는다. 새벽 2시까지 엄마가 거실에서 감독을 하시기 때문에 은정이는 침대에 누울 순 없지만, 배불리 간식을 먹은 탓인지 꾸벅 꾸벅 졸다 책상에서 잠들어 버리기가 일쑤고, 엄마는 그런 은정이를 때려가며 깨운다. 요즘들어 머리가 무겁고 현기증이 나면서 뒷골이 당기고 위로 피가 몰리는 것 같다고 하소연하면 엄마는 온갖 핑계만 댄다며 호통을 치고, 이 모습을 보는 아빠는 "재 몸에 현기증이 나면 어떡해? 엄청 먹어대니… 쯧, 살 안찌는 걸로 보약이나 해줘!"라며 엄마에게 화를 내시며 다툼이 시작된다. 한바탕 소동이 일어나면 은정이는 멍한 상태에서 책상에 엎드려 펑펑 운다. 집중도 안 되고 울었더니 배만 고프다. 그래서 서랍 속에 쌓아둔 초콜릿으로 스트레스를 풀면서 기분을 전환시킨다. 그리고는 침대에 누워 뒤척이다 4시경에나 잠을 청한다. 토스트와 우유로 아침을 먹고 피곤한 몸으로 등교를 한다. 갑작스런 담임선생님의 부름! 얼마 전 실시한 체격 검사 및 건강 검사에서 동맥경화 초기 증상이라는 결과를 얻는데…

개발자 : 동국대 정세령 외 5인, 검토자 : 이수희[22]

02 | 신문자료 활용 실천적 문제 시나리오

〈표 2.13〉은 중학교 '식품 선택' 단원에서 활용할 수 있는 실천적 문제 시나리오 예시이다. 이 단원에서 다루어야 할 내용 요소를 교육과정 및 교육과정 해설서로부터 추출한다. 즉, '식품 선택에서는 작성된 식단에 따라 계획적으로 식품을 구입하여 경제적, 시간적로 합리적인 식생활을 실천하도록 한다. 이때, 다양한 식품표시정보에 대한 이해를 바탕으로 신선하고 위생적으로 안전한 식품을 선택하도록 한다.'라고 명시되어 있다. 이러한 개념과 사회문화적 맥락이 포함된 신문기사를 활용해 실천적 문제 시나리오를 제작한다.

〈표 2.13 ①〉 식품의 선택과 구입: 식품성분 표시와 안전

식품의 성분 전체를 표시하는 제도가 시행된 지 6개월이 지났다. 10일 서울의 한 대형마트 식품매장에서 판매원에게 햄의 성분에 대해 물었지만 묵묵부답.

22) 대학생, 대학원생, 연수교사 등의 개발자료는 모두 연구자가 검토・보완했으므로 이하 생략할 것임.

양념 돼지불고기 시식코너에서도 낯선 성분명이 보여 묻자 "혹시 영양성분 아닐까요?"라는 희미한 대답만 돌아왔다. 판매원이 기초적인 설명조차 못하는 것은 소비자의 문의가 없었기 때문이다. 소비자가 묻지 않으니 제조회사나 유통업체가 판매원에게 교육시킬 이유가 없었던 것이다. 식품성분 전체 표시제는 소비자 선택의 폭을 넓혀준다. 첨가물이 적거나 없는 음식을 원하는 소비자는 보존기간이 짧고 맛이 좀 떨어지더라도 그런 식품을 선택할 수 있다. 참살이(웰빙) 열풍과 맞물려 장기적으로는 식품에 쓰이는 첨가물 수를 줄이는 효과도 기대할 수 있다. 하지만 이 제도의 장점을 살리려면 소비자들이 식품성분 표시를 꼼꼼히 살핀 뒤 '선택 구매'를 하는 습관이 정착돼야 한다. 암호처럼 어렵게만 느껴지는 식품성분 표시. 그래도 짬을 내어 성분 해독법을 익히면 사랑하는 가족의 건강을 지키는 데 큰 도움이 될 수 있다. '원유(국산) 40%, 액상과당, 코코아조제분말(네덜란드산) 3.6%, 백설탕….'시중에 판매되는 초코우유의 성분 표시다. 초코우유에 원유가 40% 들어 있다면 나머지 60%는 무엇일까. 이런 의문이 좀 더 건강한 식품 문화를 만든다. 성분 이름은 많이 들어간 순서대로 표기토록 돼 있다. 원유 다음으로 비중 있는 성분은 단맛을 내는 액상과당이라는 것을 짐작할 수 있다.

모든 식품첨가물을 숙지하는 것은 현실적으로 가능하지 않다. 식품첨가물 데이터베이스에 있는 화학적 첨가물은 424종이나 되고 천연첨가물도 201종이다. 화학적 첨가물은 모두 해롭고 천연첨가물이 무조건 안전한 것도 아니다. 인류가 사용해 온 가장 오래된 조미료인 소금도 나트륨 때문에 조심해서 섭취해야 하는 것이 현실이다. 모든 식품 첨가물이 적은 아니다. 하지만 안전성이 입증된 제품을 선호한다면 익숙한 첨가물이 들어있는 제품을 선택하는 게 무난한 방법이다. 즉 실제 주방에서 사용하는 설탕, 소금, 밀, 기름, 깨, 쌀과 같이 낯익은 원재료와 성분이 표시된 제품을 구입하면 건강한 식생활에 한걸음 다가서는 셈이다.

– 동아일보, 2007. 3. 17, 기사 정리

〈표 2.13 ②〉 식품의 선택과 구입 : 친환경농산물

최근 2세를 가진 주부 박모씨(28세)는 할인마트에서 야채를 살 때마다 꼭 친환경 농산물 코너를 이용한다. 일반 농산물보다 가격은 더 비싸지만 건강 생각을 하면 '친환경'이라는 말을 그냥 지나칠 수가 없다. 뱃속에 있는 아기를 생각하면 더더욱 아낄 돈이 아니다. 그래도 마음 한켠에는 친환경 농산물이 과연 일반 농산물과 진짜 차이가 있기는 한지 못미더운 마음이 있다. 일단 믿고 사기는 하지만 그냥 상술이 아닐까 걱정이다. 이런 궁금증에 일말의 해답을 주는 조사 결과가 나왔다.

28일 한국소비자보호원은 시중에서 판매되는 쑥갓, 깻잎, 얼갈이, 상추, 열무 등 5개 품목의 농산물 98점(친환경농산물 52점, 일반농산물 46점) 대상으로 조사를 실시한 결과, 일반농산물 2점(4.3%)에서 허용기준을 초과한 농약성분이 검출됐다고 밝혔다. 반면 친환경농산물 52점 중에서는 잔류농약이 검출되지 않았다. 소보원은 "일반농산물 2점에서 검출된 농약성분은 인체에 미치는 독성은 약한 편이나 장기간 섭취 시 소화기 장애 및 중추신경계 등에 영향을 줄 우려가 있다"고 설명했다. 가격은 환경농산물이 일반농산물에 비해 1.8~4.8배 비싼 것으로 나타났다.

소보원은 이와 함께 "현재 친환경농산물은 농약과 비료 사용정도에 따라 유기·전환기유기·무농약·저농약농산물 등 4단계로 분류하고 있지만 대부분 같은 장소에서 판매되고 있고 가격차이도 없어 소비자가 구분해 선택하기에 어려움이 있는 것으로 조사됐다"고 지적했다. 이에 따라 현재 친환경농산물 범위에서 무농약·저농약을 제외하고 '유기농산물'과 '일반농산물'로 구분하는 등 소비자가 쉽게 구분할 수 있는 분류체계 개선이 필요하다고 덧붙였다. 선진외국의 경우에는 '유기' 또는 'organic'으로 단일 표시한다. 소보원은 이번 조사결과를 토대로 일반 농가의 농약사용에 대한 경각심 제고, 친환경농산물의 분류 단순화, 일반농산물의 생산자 표기와 추적시스템의 단계적 구축 등 제도개선을 관계 당국에 건의할 예정이다.

– 머니투데이, 2007. 2. 28, 기사 정리

〈표 2.13 ③〉 식품의 선택과 구입: 신토불이 식품

학교급식은 물론 병원급식, 각종 기관급식 문제를 해결하기 위해 가장 시급한 과제는 식자재를 안전하게 공급할 수 있는 식품 공급체계를 확립하는 것이다. 지금은 수입 농산물의 경우에서 보듯이 생산자와 소비자가 떨어져 있어 서로가 모르는 가운데 먹을거리 생산과 소비가 이루어지고, 시장에서의 경쟁을 위해서라면 수천㎞ 떨어진 곳에도 마다 않고 식자재가 공급되는 체계다. 그런 식자재를 이용한 급식의 경우 '직영'이든 '위탁'이든, 혹은 해당학교 교장이 책임을 지든 아니든 간에 항상 급식사고가 터질 가능성이 잠재되어 있는 것이다. 소비지에서 멀리 떨어진 것에서 생산된 식자재의 경우 생산, 수송 및 가공 과정에서 사람의 건강에 문제가 되는 여러 가지 물질이나 첨가물들이 들어가기 때문이다.

학교급식을 포함한 기관 급식을 안전하게 운영하려면, 지역에서 생산된 식자재를 이용해야 한다. 생산자와 소비자가 서로 알고, 연결되어 있는 가운데 식자재를 생산하고 이를 소비하는 이른바 '지역 식량 체계'(local food system)가 자리 잡아야 한다. 학부모, 시민단체들이 학교급식법에 우리 농산물 사용을 의무화하자는 것을 명시하자고 하는 것도 우리 농산물이 정체를 모르는 수입농산물에 비해 친환경적이고 안전하기 때문이다.

지역 식량 체계 하에서 학교 급식을 운영하게 되면 지금 어려움에 처해 있는 우리나라의 농업과 농민을 살릴 수 있는 이점도 있다. 군대를 포함해 정부기관, 사업장, 학교, 병원 등 기관의 급식에 우리나라 지역 농산물을 우선적으로 구매해 급식을 제공하면 그 수요는 엄청날 것이다. 우리 농산물을 통한 급식은 특히 청소년들에게 우리나라 농산물에 익숙하게 하고 먹을거리의 선택이나 사회적 의미와 관련한 교육이 가능해 짐으로써, 향후 우리 농산물을 계속해서 사용하는 쪽으로 작용할 수 있다. 그 뿐만이 아니다. 장기적으로는 최근 커다란 사회적 문제로 제기되고 있는 어린이 및 청소년들의 아토피와 비만 문제 역시 먹을거리 문제와 직결되어 있다는 점에서, 질 좋은 지역 농산물의 사용은 보건의료 분야에서의 사회적인 비용을 예방적으로 줄이는 이점이 있다. 이런 다각적인 효과 때문에 선진 각국에서 학교급식 문제에 최근 들어 더욱 관심을 기울이면서 지역 농산물 사용을 제도화하고 있는 것이다.

– 프레시안, 2006. 7. 3, 기사

〈표 2.13 ④〉 식품의 선택과 구입: 제철식품

요즘은 겨울에도 시중에서 딸기를 볼 수 있다. 빨갛고 윤기가 흐르는 것이 먹음직스러워 보인다. "딸기는 봄이 제철이어서 추운 겨울에 나온 딸기는 맛이 없을 거야"라고 말하는 주부들도 "먹고 싶다"고 조르는 자녀들 때문에 작은 팩 하나씩 사들게 마련이다. 겨울 딸기들은 겉은 빨갛지만 속까지는 익지 않아 하얀 속을 보이는 경우가 많다. 그래도 단맛은 제철에 뒤지지 않는다. 제철의 향과 맛까지 모두 기대하기는 어렵다.

비닐하우스를 치고 그 안에 난방을 하는 '가온 재배'로 우리는 계절에 거의 관계없이 채소와 과일을 먹을 수가 있다. 그래서 요즘 아이들은 오이, 호박, 사과, 포도 등이 어느 계절에 나는 것인지도 잘 모른다고 한다. 하지만 제철이 아닌 때에 작물을 기르려면 하우스 안 온도를 높이는 데 연료를 써야 한다. 거기에서 나오는 이산화탄소는 지구온난화를 가져오는 대표적인 대기오염물질이다. 또 제철일 때보다 생장 조건이 나빠, 면역력이 약하고 농약이나 화학비료 등의 사용량도 커진다. 그에 비해 제철 음식은 값도 비싸지 않고 맛도 좋다.

아무리 비타민이 풍부하고 몸에 좋은 과일이나 채소라고 해도 그 영양가는 제철일 때 가장 높을 것이다. 그리고 우리 몸도 여름에는 여름의 태양을 이겨낸 작물을 먹어야 더위를 이겨낼 힘을 얻고, 겨울에는 추위에 강한 작물을 먹어야 몸에 좋을 것이다. 건강과 먹을거리에 신경 쓰는 엄마들은 유기농 친환경 농산물만 아이에게 먹이고 싶어 한다. 하지만 1년 내내 유기농 호박과 두부 넣은 된장찌개에 비타민이 최고 많다는 브로콜리와 토마토를 먹는 것보다, 계절 따라 그때 그때 다른 찌개와 제철 나물을 먹고 사계절을 느끼며 자연의 순리대로 사는 것, 그것이 참살이의 기초다.
사계절이 뚜렷한 우리나라에는 예로부터 계절 별로 다양한 먹을거리가 있었다. 요즘 같은 겨울에는 김치와 시래깃국, 청국장, 각종 말린 나물이 있고, 군고구마와 동치미를 간식으로 먹는다. 아이와 함께 계절마다 어떤 채소와 과일이 나는지 알아보고, 향긋한 딸기와 봄나물을 상상하면서 봄을 기다리는 기쁨을 가져보자.

– 한겨레, 2007. 1. 28, 기사 정리

〈표 2.13 ⑤〉 식품의 선택과 구입: 수입농산물과 안전

중국의 대형 슈퍼마켓에서 유통되고 있는 일반 농산물 가운데 1/3가량이 잔류농약 허용치를 초과한 것으로 확인됐다. 국제적인 환경단체인 '그린피스'의 중국 지부인 '그린피스 차이나(이하 그린피스)'가 중국 광동지역 대형 슈퍼마켓 체인 '파크엔샵(ParknShop)'과 '웰컴(Wellcome)' 두 곳의 농산물을 대상으로 한 검사 결과다.
그린피스가 검사한 중국산 농산물은 모두 55개 품목. 이 가운데 17개 품목(31%)에서 국제식품규격 코덱스(CODEX)와 유럽연합(EU) 기준치를 초과한 잔류농약이 검출됐다. 잔류농약 성분 중 사이퍼메트린(Cypermethrin)은 코덱스 기준의 최대 5.8배, 클로르피리포스(Chlorpyrifos)는 코덱스와 유럽연합 기준의 각각 최대 12배와 240배인 것으로 나타났다.
국제적으로 사용을 자제하고 있는 농약 성분도 5개 품목(9%)에서 검출됐다. 이 중 잔류 허용치를 초과한 품목은 4개(7%)로 조사됐다. 특히 강낭콩과 토마토에서 검출된 DDT와 린덴(Lindane)은 독성이 매우 강한 살충제이자 발암물질로 분류되는 농약이다.
지금까지 국내에 수입된 중국산 농산물도 건조한 상태이거나 절임 등 1차 가공된 것들이 많았다. 일반 가정의 식단에 직접적인 영향을 미치지 않는 편이었다. 하지만 배추와 무, 상추, 당근, 도라지 등 신선한 채소류의 수입이 최근 몇 년 사이에 급증하고 있다. 실제로 상추는 2000년 수입량이 전혀 없었지만 2005년 455톤이나 수입됐다. 게다가 쌀 수입량도 지난해 처음 중국산이 1만2천767톤으로 미국산 5504톤을 제쳤다. 중국산 농산물이 음식점과 식품가공 공장에서 일반 가정용 음식재료로까지 점차 확대되고 있는 것이다.
이지현 서울환경연합 시민참여국장은 "중국 정부가 수출 전략상품으로 관리하고 있는 유기농산물을 제외하면 중국산 일반 농산물의 안전성은 여전히 의심스러운 부분이 많다"며 "그린피스의 조사결과가 중국 남부지역에 국한돼 있지만 시사하는 바는 크다"고 말했다.

– 미디어다음, 2006. 9. 28, 기사 정리

03 | 사진자료 활용 실천적 문제 시나리오

〈그림 2.2〉는 중학교 '가정생활과 복지' 단원에서 활용할 수 있는 실천적 문제 시나리오이다. 교육과정 '다양한 복지 서비스'를 내용요소로 추출한 후, 가정생활의 복지 문제를 이웃과 함께 해결할 수 있는 실천적 문제 시나리오를 사진자료를 활용해 제작할 수 있다.

이런 모습 상상해 보셨습니까?

아이보다 어른이 많은 나라 상상해 보셨나요?
2004년 OECD 국가 중 최저 출산율의 나라.
세계에서 고령화가 가장 빨리 진행 중인 나라
2050년 노인인구비율이 37.3%에 이르는 나라
그곳이 다름 아닌 우리나라 입니다.
내 아이를 갖는 기쁨과 나라의 미래를 함께 생각해 주세요.
아이들이 대한민국의 희망입니다.

〈그림 2.2 ①〉 육아 복지 : 사진자료 활용 실천적 문제 시나리오

순진이는 오빠와 단둘이 살고 있는 중학교 2학년의 소년소녀 가장이다. 오늘도 학교 끝나고 집에 와 보니 오빠와 오빠친구들이 있었다. 순진이는 조용히 들어가 인사를 한 후 바람이 오빠를 확인하고 얼굴이 붉어 졌다. 바람이 오빠를 일년전에 알게 되었는데 순진이에게 특별히 자상하게 대해 주는 것에 끌려 한 두번 만나게되었다. 그러다가 바람이 오빠와 성관계까지 하게 되었고 임신을 알게 된 후부터 혹시나 임신한 사실을 말하면 바람이 오빠가 화를 낼 것 같아 겁이 났다. 순진이는 이미 임신6개월이 넘은 상태였으나 병원에도 갈 형편이 되지 못해 본인은 정작 아기가 얼마나 자랐는지도 모르고 있다.

– 제공 : 2009년 가정과 1정 연수생

〈그림 2.2 ②〉 청소년 미혼모 복지 : 사진자료 활용 실천적 문제 시나리오

치매에 효자 없다… 팔순 노모 현대판 고려장

[쿠키 사회]ㅇ… 노인성 치매에 의해 가정과 가족윤리가 송두리째 파괴된 안타까운 사건이 발생했다. 기술직으로 그럭저럭 평범한 삶을 꾸려오던 김모(55) 씨. '법 없이도 살 사람'이라는 평을 듣던 김 씨의 가정에 암운이 드리우기 시작한 것은 4년 전이다. 여든 살을 넘긴 노모가 총기가 갑자기 흐려지면서 정상적인 의사소통이 어려워지는 등 치매증세를 보이기 시작한 것. 김 씨의 아내(50)는 노모모시는 일이 힘들어 가출해버리고 어머니를 수발하느라 김 씨는 일자리를 잃고 수입이 없어 경제적 어려움이 컸다. 노모를 부산 침례병원 앞에 버리자 노모를 내버린 혐의(존속유기)로 김 씨를 불구속 입건하였다.

〈그림 2.2 ③〉 노인 복지 : 사진자료 활용 실천적 문제 시나리오

푸름이는 아빠와 엄마를 반반씩 닮았어요. 피부색은 엄마를 닮았지요.
엄마는 베트남 사람 중에서도 얼굴빛이 조금 검은 편이에요.
푸름이는 세상에서 엄마를 가장 사랑한답니다.
(이하생략)

-『외갓집에 가고 싶어요』 중에서

〈그림 2.2 ④〉 다문화 가정 복지 : 사진자료 활용 실천적 문제 시나리오

04 | 영상자료 활용 실천적 문제 시나리오

〈표 2.14〉는 청소년의 식생활 단원에서 활용할 수 있는 '슈퍼사이즈 미' 라는 영상자료로부터 제작한 실천적 문제 시나리오 예시다. 본 교재에서는 영상자료를 제시할 수 없어서 내용을 정리해 놓았는데, 이 영상자료를 수업의 의도에 맞게 재구성을 해 교사가 UCC자료로 제작해 사용할 수도 있다.

〈표 2.14〉 영상자료를 활용한 실천적 문제 시나리오

미국은 모든 게 크다. 차도 크고, 집도 크고, 회사도 크고, 먹는 것도 크다. 결국은 사람도 크고…. 미국사람들은 이제 세상에서 가장 뚱뚱해지고 있다. 축하드려요, 거의 미국인 1억명이 과체중이거나 뚱보란 사실을. 이런 사람들이 미국 성인 60%가 넘는다. 1980년부터, 과체중이거나 뚱보인 사람이 두 배로 늘었다. 과체중 애들도 두 배로 늘고. 청소년의 경우는 3배나 늘었다. 미국에서 가장 뚱보가 많은 주? 미시시피주는 4명 중에 한 명이 뚱보이다. 나는 서부 버지니아에서 자랐다. 현재 미국서 세 번째로 뚱보가 많은 곳이다. 어릴 때 우리 어머니는 하루 종일 요리를 하느라 시간을 보냈다. 내 기억에는 어머니가 거의 부엌에서 사신 것 같다. 우린 외식을 안했다. 특별한 날에만 외식을 했었다. 하지만 오늘날은 많은 가족들이 항상 외식을 한다. (중략) 미국에서 사망 원인 중에 흡연 다음이 비만이다. 년 간 40만 명 이상이 관련 질병을 앓고 있다. 2002년 소수의 미국인들이 과체중에 진저리를 떨었다…(중략) 아직도 매일, 미국인 4명 중에 한명이 패스트푸드 음식점을 찾는다. 이 음식을 먹고 싶어 하는 사람이 미국에만 있는 게 아니다. 전 세계적으로 퍼져나가고 있다. 맥도날드? 6개 대륙에 100개국에 3만개의 지점을 운영하고 있으며, 매일 전 세계 4600만 명 이상이 그들의 제품을 먹고 있다. 미국에서만, 맥도날드는 전 패스트푸드 시장의 43%를 장악하고 있다…. 한 괴짜 영화감독이 비만의 주범으로 혐의가 짙은 패스트푸드의 폐단을 몸소 체험하는 것을 통해 고발하기로 결심한다. 한 달 내내 하루 세끼 맥도날드의 음식만 먹으면서 변화하는 자신의 신체를 기록하고 각 도시를 돌아다니며 의사, 영양사, 당국의 전문가들의 비만에 대한 각종 견해를 듣는 한편, 하루 아홉

개의 빅맥을 먹어치우는 빅맥 추종자에서부터 예수와 대통령의 얼굴은 몰라봐도 맥도날드 마스코트인 로널드는 정확히 알아보는 어린아이들을 만나면서 우리 삶에 파고든 패스트푸드 문화의 놀랍고도 솔직한 이면들을 담는다.

이 흥미진진한 실험을 시작한지 며칠만에 감독은 '맥트림'과 '맥방귀'를 호소하고 몸무게가 1주일만에 무려 5킬로가 늘고 무기력과 우울증까지 느끼는 등… 이 패스트푸드 식단은 예상했던 것보다 훨씬 더 위험스런 모습으로 다가온다. 이 별난 감독은 죽도록 먹어대는 미국인, 나아가 현대를 살아가는 우리들의 라이프스타일에 장난기 가득한 얼굴로 진지한 일침을 가한다.

제4장
질문 개발

01 세 행동체계와 관련한 질문

가족구성원들이 건강한 가정을 형성·유지하기 위해서는 가족이 세 행동체계-기술적 행동체계, 의사소통적 행동체계, 해방적 행동체계에 적절히 참여할 수 있는 능력이 있느냐에 달렸다(Baldwin, 1984). 따라서 가정과 수업을 통해 이러한 행동체계에 적절히 참여할 수 있는 능력을 길러 주어야 하는데, 이를 위한 효과적 방법 중 하나가 수업에서의 발문이다.

세 행동체계와 관련하여 교사가 수업 중에 할 수 있는 질문유형은 기술적 질문, 개념적 질문, 비판적 질문이 있다(Coomer, Hittman & Fedje, 1997; Selbin, 1999; 채정현, 2002). 이중 암기위주의 낮은 수준의 사고를 자극하는 기술적 질문은 지적인 능력을 계발하기에는 부족하다. 수업이 생명력 없는 지식을 단순히 전달하는 체계가 될 때 지적 구심점을 잃는다. 따라서 다음 세 가지 질문유형 중 개념적 질문과 비판적 질문을 수업 전에 미리 준비해 갈 필요가 있다.

1 기술적 질문

기술적 행동과 관련된 질문으로, 원인과 결과, 사실, 수단이나 목적에 대한 이해를 확인할 때 가치 있는 질문이다. 예를 들면, 심장병을 예방하기 위해 식이요법을 어떻게 할까? 면섬유의 특성은 무엇인가? 사회에서 이슈가 되고 있는 가족문제를 야기하는 것은 무엇인가? 가족문제라는 단어의 사전적 의미는 무엇인가? 등이 있다.

2 개념적 질문

해석적 · 의사소통적 행동과 관련된 질문으로, 특별한 사건, 생각이나 개념 중심에 있는 정신적 이미지를 밝히고자 할 때, 즉, 다양한 개념의 의미를 이해하거나, 어떤 개념을 분석하고 명확하게 하고자 할 때 가치 있는 질문이다. 이러한 질문들은 사람들이 실재에 대해 동일한 의미를 갖지 않는다는 것을 보여준다. 그 예로, 원시시대에 사는 사람은 결혼의 의미를 종족보존과 생존을 위한 수단으로 생각했으나, 현대의 많은 사람은 결혼의미를 사랑을 받고 사랑을 주는 관계를 형성하는 데 두기도 하기 때문이다.

가정과 수업에서의 개념적 질문의 예를 들면, 결혼의 의미는 무엇인가, 가정에 영향을 미치는 현대사회의 특성은 무엇인가, 행복한 가정은 어떤 가정인가, 부모의 이혼이나 별거가 너에게는 어떤 의미를 가지게 하는가, 그러한 사건이 왜 너에게는 이러한 의미를 갖게 되었는가, 네가 이러한 의미를 갖게 한 경험은 무엇이니 등이 있다. 이러한 질문들은 학습자가 지니고 있는 생각을 서로 공유함으로 이해할 수 있게 된다. 개념적 질문을 할 수 있는 학생들은 그들 자신의 사고에 대해 생각하고, 양립할 수 없거나 반대하는 일, 바램, 요구로부터 기인한 갈등과 불확실성을 잘 밝혀낼 수 있으며(Coomer, et al., 1997), 다양한 관점을 인정할 수 있다. 개념적 질문은 학습자의 아이디어를 확장시키고 어떤 개념을 명료화하는 데 도움을 준다. 하지만 이 질문만으로는 그 개념이 과연 진실한가에 대한 탐구를 할 수 없기에 한계가 있으며, 학생들의 행동을 변화시키기에 역부족이다. 따라서 이러한 질문과 함께 해방적 행동과 관련 있는 비판적 질문이 필요하다.

3 비판적 질문

진실에 대한 믿음과 의미를 비판적으로 분석할 때 사용하는 해방적 행동과 관련된 질문유형으로, 개념적 질문을 통해 얻은 사실이 과연 진실인가라는 의구심을 이 질문을 통해서 밝힐 수 있다. 예를 들면, 쾌적한 생활을 영위하는 것이 행복일까? 맞벌이 부부의 경우 왜 남자는 가사일이나 아이 돌보기를 여자보다 적게 하는 것일까? 사회는 같은 것에 대해 걱정하거나, 우리는 이 문제에 관한 기본적인 사회 기준에 직면하는가? 우리는 이 기준이 가족 문제에 관해 진리라고 믿도록 가르쳐졌거나 계획되었는가? 등이 있다.

우리가 사회적 문제와 가족이 직면하는 문제들을 정확히 이해하기 위해서는 이데올로기가 신념과 관습에 주는 영향을 이해해야 한다. 비판과학에서 사용되는 질문들은 억압적인 사회 환경을 극복하기 위한 계몽과 실천력을 증진시킨다(Selbin, 1999). 비판적 질문을 통해서 평등하고 자유로운 가정과 사회를 만들어 나갈 수 있으며 개인은 자주적인 자아를 형성할 수 있다. 이 질문을 통해서 학생들은 능동적이고 깨어있는 행동을 하며 잠재해 있는 능력을 발휘할 수 있다. 이 질문을 통해서 학생들은 다각적인 관점에서 상황을 검토하고, 자신뿐만 아니라 사회를 위해서 최선의 행동을 모색한다. 뿐만 아니라 자신이 믿고 따랐던 신념과 생각을 비판함으로 사고의 전환과 더불어 행동도 달라질 수 있다.

02 추론 단계에 따른 질문 예시

철학적 질문들은 대화와 비판적 성찰을 통해서 다루어진다. 행동을 판단하기 위해 사용되어지는 가치들은 가족과 교실 속에서 사용되는 철학적 질문들의 예이다. 여기에서는 실천적 추론 단계에 따라 할 수 있는 질문유형을 제시하면 〈표 2.15〉, 〈표 2.16〉, 〈표 2.17〉이다.

〈표 2.15〉는 추론단계에 따라 문제를 정의하는 단계, 정보를 수집하는 단계, 대안을 선택하고, 판단에 대한 결과를 다양하게 예측해 단계에 적절한 질문유형의 예시를 제공하고 있다. 〈표 2.16〉은 위스콘신 주의 사례로, 하나의 실천적 문제를 가지고 한 학기 또는 한 학년 간 실천적 추론 수업을 진행한 다. 하나의 항구적인 관심 '사회에서 가족을 위한 식품에 대해 무엇을 해야만 하는가?'을 가지고 실천적 추론 수업을 해 나갈 때 각 하위 단계마다 활용할 수 있는 과정 질문을 제시하고 있다.

〈표 2.17〉은 오리건 주 추론단계에 따라 실제 단원에 적용한 사례

다. 2007년 개정 교육과정의 8학년 '가족의 생활' 단원에서는 '가족의 건강을 고려한 식단을 작성하고, 식품의 영양과 안전에 유의하여 식품을 선택하여 건강한 식생활을 유지하는' 데 있다(교육인적자원부, 2007a). 따라서 이 단원의 최종 학습 지향점은 '건강한 식생활을 유지한다'에 있으므로, 여기서 우리는 '우리는 건강한 식생활을 유지하기 위해서 무엇을 해야만 하는가?'라는 실천적 문제를 추출할 수 있다. 이 실천적 문제를 해결해 가는 과정에 적절한 질문유형을 제시하고 있다. 교사는 이를 참고해서 자신의 수업 의도에 맞게 질문을 구성해 가면 된다.

〈표 2.15〉 추론을 위한 질문의 유형

문제를 정의하는 질문	• 문제는 무엇인가? • 많은 사람들이 이 문제에 직면하는가? 그 이유는? • 이 문제를 해결하기 위해서 어떻게 해야 할까? • 이 문제에 어떤 요인이 관련되어 있는가? • 이 문제에 대한 의사결정을 하기 전에 무엇을 고려해야 하는가?
정보 수집을 위한 질문	• 이 문제를 해결하기 위해서 어떤 정보를 얻어야 하는가? • 어디에서 믿을만한 정보를 얻을까? • 믿을 만한 정보는 어떠한 것일까? • 최선의 선택을 하기 위해 어떠한 정보가 필요할까? • 의사결정을 하면 결과에 영향을 받을 사람은 누구인가? • 문제를 해결하는데 필요한 자원은 무엇일까?
선택과 그 선택의 결과에 대한 질문	• 어떠한 선택을 해야 하는가? • 나와 타인을 위해서 최선의 선택은 무엇인가? • 이러한 선택이 나와 가족, 사회에 주는 결과는 무엇인가? • 각 선택이 장기간과 단기간에 주는 결과는 무엇인가?
What-If에 대한 질문	• 이 선택은 나와 타인에게 최선의 결정인가? • 어떤 가치와 기준을 보고 선택할까? • 이 선택은 자신의 인생 목적과 가치에 적합한가? • 만약 이 결정으로 누군가가 도움을 받는다면 내 기분이 어떨까? • 만약 모든 사람이 이 문제에 대해 같은 결정을 내린다면 어떨까? • 내가 만일 다른 상황에 처해 있어도 같은 결정을 내릴까?

자료 : Laster(1982).

〈표 2.16〉 위스콘신 주 : 「가족, 식품, 그리고 사회(Family, Food & Society)」 코스

항구적인 관심 : 사회에서 가족을 위한 식품에 대해 무엇을 해야만 하는가?		
모듈 A 추론단계 : 항구적인 가족문제 규명하기	하위 관심	사람들은 식품, 식품의 의미, 식품을 얻고 이용하는 방법에 대해 왜 관심을 가져야 하는가?
	과정 질문	• 가족과 사회에서 식품과 관련 신념과 실천을 연구하는 것이 왜 중요한가? • 개인 및 가족이 직면하는 식품에 관련해서 중요하고 항구적인 관심사는 무엇인가? • 식품과 관련해 가족의 역할은 무엇이어야 하는가?
모듈 B 추론단계 : 항구적 가족 문제의 맥락 에 대한 정보 해석하기	하위 관심	식품에 대한 태도(attitudes)와 표준(norms)의 개발과 관련하여 가족은 무엇을 해야만 하는가?
	과정 질문	• 식품에 대한 태도와 표준은 무엇인가? • 환경이 식품에 대한 태도에 어떤 영향을 미치는가? • 식품에 대한 태도는 어떻게 개발되는가? • 어떤 식품태도가 바람직한가를 결정하는 데 가족들은 어떻게 상황적 정보를 이용하고 있나?
모듈 C 추론단계 : 결과 평가하기	하위 관심	가족과 사회는 식품 소비 패턴과 관련하여 무엇을 해야 하는가?
	과정 질문	• 가족은 왜 현재의 식품소비패턴에 대해 관심을 가져야 하는가? • 환경의 어떤 측면이 식품소비패턴에 영향을 주는가? • 가족들은 그들의 소비와 관련한 관심을 다루는데 어떤 지적, 사회적 기술을 사용할 수 있는가?
모듈 D 추론단계 : 추구하는 가치, 대안적 수단과 결과 고려하기	하위 관심	식품을 얻기 위해서 무엇을 해야 하는가?
	과정 질문	• 왜 사람들은 식품을 얻는 방식에 관심을 가져야 하는가? • 어떤 요소와 조건들이 가족과 사회가 식품과 관련한 가치목표를 추구하는 능력에 영향을 미치는가? • 개인과 가족들이 식품을 얻고 저장하고 사용하는 최선의 방법을 어떻게 결정하는가?
모듈 E 추론단계 : 반성적 판단과 신중한 행동	하위 관심	개인과 가족, 사회는 식과 관련한 사항에 대해서 어떤 행동을 취해야 하는가?
	과정 질문	• 식과 관련해 무엇을 해야 하는가를 결정하는 데 어떤 종류의 추론이 포함되는가? • 식과 관련한 문제를 해결하기 위해 개인과 가정은 어떤 종류의 행동을 취해야 하는가? • 식에 관해 합리적이고 신중한 행동을 취하는 것과 관련하여 개인과 가족은 무엇을 해야 하는가?

〈표 2.17〉 오리건 주에서 제안한 실천적 추론 단계와 2007년 개정 교육과정의 8학년 '가족의 생활' 적용 사례

오리건 주에서 제안한 실천적 추론 단계(*)	추론 단계에 따른 질문	2007년 개정 교육과정 8학년 '가족의 생활' 단계에 적용한 예시(**)
기대하는 목표 설정하기	• 목표는 무엇인가? • 이상적인 상황이나 결과는 무엇인가? • 무엇이 행해져야 할까? • 무엇을 행하는 것이 정당할까?	가치 목표를 위한 질문들 : • 식사제공자는 가족원이 건강하게 생활하기 위한 최선의 식사는 무엇이라고 생각하는가? • 다른 가족원들은 어떻게 생각하는가? • 가족원이 식사를 통해 얻어야 하는 필요 요구는 무엇인가? • 가족원들이 건강한 식생활을 위해 원하는 것은 무엇인가? • 사회는 개인의 건강한 식생활을 유지하는 것에 필요성이 무엇이라고 생각하는가? • 가족은 건강한 식생활 유지를 위해 사회가 할 일은 무엇이라고 생각하는가?
문제맥락 이해하기	• 가족과 사회 안에서 문제 상황에 영향을 주는 어떤 일이 과거부터 현재까지 일어나고 있는가? • 어떤 사람들이 관련되었는가? • 목표를 달성하기 위해 어떤 정보를 고려해야 할까? • 그 정보는 얼마나 신뢰할 만한가? • 어떤 질문을 물어야 할까?	맥락 이해를 위한 질문들 : • 우리 가족은 어떠한 식생활을 하고 있나? • 누가 식사를 준비하는가? • 식생활 비용은 어느 정도인가? • 식사 시 가족의 분위기는 어떠한가, 규칙적인 식사생활을 하고 있나? • 영양적으로 균형 잡힌 식생활을 하고 있나? • 가공식품의 섭취 또는 외식의 비율은 어느 정도인가?

(계속)

오리건 주에서 제안한 실천적 추론 단계(*)	추론 단계에 따른 질문	2007년 개정 교육과정 8학년 '가족의 생활' 단계에 적용한 예시(**)
바람직한 대안 탐색하기	• 목표를 달성하기 위한 가능한 방법들은 무엇일까? • 가능한 해결책은 무엇일까?	수단을 찾기 위한 질문들 : • 가족원은 건강한 식생활을 위해 적당한 식자재를 어떻게 찾고 어떻게 선택할 것인가? • 가족은 식생활을 위해 얼마의 돈을 지불할 수 있는가? • 어떻게 가족원 모두가 원하는 건강한 식생활의 구성을 할 수 있는가? • 사회는 가족들이 건강한 식생활을 유지할 수 있도록 무슨 변화가 필요한가?
행동결과 고려하기	• 이런 식으로 행동하면 어떤 일이 일어날까? • 가능한 해결책으로 행동했을 때 각각의 행동의 긍정적이고 부정적인 파급 효과는 무엇인가? • 그런 파급 효과가 나에게, 나의 가족에게, 지역 사회에, 세계에 미치는 영향은? • 모든 사람이 이 방법을 선택한다면 어떤 일이 일어날까?	결과를 예측하기 위한 질문들 : • 식생활 변화 결정이 미래 가족원의 건강에 어떠한 영향을 줄 것인가? • 가족원, 기업, 사회에 어떠한 장기적, 단기적 손실과 이익을 줄 것인가? • 변경된 식사구성은 가족원, 사회에 어떠한 장점과 단점이 있는가? • 만약 가족, 사회, 기업이 가족의 건강한 식생활 보호에 대해 어떠한 변화가 없다면 무슨 일이 발생할 것인가?

* 각 과정이 순차적이지 않으며, 반복될 수 있다.

** 질문개발자: 서울대대학원 협동과정 가정교육전공 조지연.

03 실제 수업에서의 질문 구성 사례[23)]

여기서는 비판적 관점에서 개발한 수업에서 질문을 어떻게 구성하고 있는가의 분석을 통해 기술적 관점의 질문, 해석적 관점의 질문, 비판적 관점의 질문을 검토할 것이다. 또한 그 과정에서 질문유형을 바꾸는 것이 수업 의도를 보다 잘 살릴 수 있다면 수정된 질문을 제시해 비교할 것이다. 본 개발팀의 '식단과 식품선택' 단원의 교수-학습과정안과 학습활동지를 소개하면 다음과 같다.

1 실천적 문제 와 본시 교수-학습과정안

항구적 본질을 가진 실천문제	생태계의 공존을 위한 식품선택과 관련하여 우리는 무엇을 해야 하는가?
차시별 실천적 문제	1. 식품선택 시 식 재료 자원의 영향과 관련하여 우리는 무엇을 해야 하는가?
	2. 식품선택 시 사회적 문화적 영향과 관련하여 우리는 무엇을 해야 하는가?
	3. 식품선택 관련정보와 관련하여 우리는 무엇을 해야 하는가?

본시 수업 안 (2/5)	
학습 목표	가족의 건강을 고려한 식단을 작성하고, 식품의 영양과 안전에 유의하여 식품을 선택하여 건강한 식생활을 유지한다.
실천적 문제	• 식품선택 시 정보와 관련하여 우리는 무엇을 해야 하는가? • 식품선택 시 사회적 문화적 영향과 관련하여 우리는 무엇을 해야 하는가?

23) 본 수업은 2008년 1월 21-22일과 28-29일에 실시된 실천적 문제 중심 가정과 교육과정 전문가 연수 과정 중 개발 · 발표한 수업지도안과 학습활동지 사례(개발 교사팀: 신화진, 김재광, 김형자, 이효순)이다.

<table>
<tr><td>학습
자료</td><td colspan="2">교과서, 지도안, 동영상자료, 신문자료, 광고자료</td><td>수업 형태</td><td>모둠학습, 개별학습</td></tr>
<tr><td rowspan="2">학습
단계</td><td rowspan="2">학습
내용</td><td colspan="2">교수학습활동</td><td rowspan="2">자료 및 유의점</td></tr>
<tr><td>교 사</td><td>학 생</td></tr>
<tr><td rowspan="3">도입</td><td>전시
학습
확인</td><td>• 전시 학습 확인</td><td>• 교과서 준비하면서 영양 관련 노래 부르기
• 전시학습 내용확인</td><td></td></tr>
<tr><td>학습
동기
유발</td><td>• 동영상 자료 제시</td><td>• 동영상 자료를 보면서 학습지 풀이 및 발표</td><td>• 동영상 : 농림부, 국립농산물품질원 〈http://www.tvcf.co.kr〉</td></tr>
<tr><td>학습
목표
제시</td><td>• 학습목표 제시</td><td>• 학습목표를 이해하고 확인한다.</td><td></td></tr>
<tr><td>전개</td><td>학습
활동</td><td>• 학생들의 저녁식사 실태를 확인하고 진단하기
• 전시학습 시 모둠별 과제로 제시한 식품광고를 발표시킨 뒤 광고에서 겨냥한 목적을 활동지1을 통해 분류하게 함
• 대중매체, 친구, 가족이 식품선택에 어떠한 영향을 미치는가에 관한 학습활동지2, 3에 답하고 토론·분석하도록 함
• 식품을 선택하는 데 영향을 주는 심리적·사회적 요소를 학습활동지 4, 5에 답하고 토론·분석하도록 함</td><td>• 학습활동지를 푼 후 발표한다.</td><td>• 진단지 1
• 학습활동지 1
• 학습활동지 2
• 학습활동지 3
• 학습활동지 4
• 학습활동지 5

우리 주변에 올바른 식품선택을 방해하고 왜곡시키는 사회적, 개인적 요인을 찾아보고, 그 요인들이 선택을 하는데 어떠한 영향을 미치고 있는지 판단하고 옳은 선택을 하고 실천할 수 있도록 유도한다.</td></tr>
</table>

정리	학습활동	• 본시 학습내용을 정리한다. 학습활동지 6을 풀면서 마무리 지도 • 차시학습 예고	• 읽기자료 및 학습지 정리 • 차시학습 인지	• 학습활동지 6 • 실천적 문제를 상기하고 학생들이 모둠원들의 의견을 존중하고 배려하면서 최선의 선택이 이루어지도록 유도
참고문헌	1. 유태명 외(2004). 생각을 넓히는 실천적가정과수업II. 신광출판사. 2. 변현진(1999). 실천적 추론 가정과 수업이 비판적 사고력에 미치는 효과. 한국교원대학교 석사학위논문. 3. 이수희(1999). 중등 가정과 교육과정 개발에 관한 연구. 중앙대학교 대학원 박사학위논문. 4. 경기도 가정교육연구회 http://kghome.net 5. 식생활정보센터 http://dietnet.or.kr 6. http://www.ebs.co.kr 7. http://www.tvcf.co.kr			

본 예시의 수업에서 활용한 질문들을 분석한 이유는 다음과 같다. 첫째, 세 행동체계가 길러질 수 있도록 기술적 질문, 개념적 질문, 비판적 질문을 골고루 하려는 교사의 의도가 내재되어 있기 때문이다. 둘째, 전통적 가정과 수업에서 간과되어 왔던 해석적 행동과 비판적 행동을 잘 할 수 있도록 개념적 질문과 비판적 질문을 많이 하려는 의도가 보이기 때문이다. 따라서 교사가 수업에서 하는 질문 과정을 체험하면서 세 행동체계와 관련된 질문유형에 대한 충분한 이해를 할 수 있기를 바란다. 나아가 교사 자신이 직접 질문 제작을 할 수 있는 역량을 기르는 데 도움이 되길 바란다.

이 작업에서의 포인트는 첫째, 기술적 관점의 질문은 기술적/도구적 행동과 관련이 있는 질문으로, 인생의 기본적인 필수품을 확보하기 위해 어떻게 행동해야 하는가에 대한 지식을 알고 있는가를 확인할 때 사용하는 질문인가를 교사 스스로에게 물어야 한다. 둘째, 개념적/해석적 질문은 해석적/의사소통적 행동과 관련이 있는 질문으로, 공유된 또는 추론된 의미, 가치, 신념, 태도를 확인하는 질문인가 교사 스스로에게 물어야 한다. 셋째, 비판적 질문은 해방적/비판적 행동과 관련이 있는 질문으로, 자신의 인생을 관리하는 능력과 의지, 우리가 다루는 문제에 숨어져 있는 왜곡된 믿음은 무엇인지 파악하기 위한 질문인가 교사 스스로에게 먼저 질문해야 한다.

2 진단학습지

[청소년 학원수강으로 저녁식사 부실]

우리 청소년들의 식사습관과 건강문제에 대한 기초자료를 마련하기 위해 전국 초등학교 4,5,6학년생과 중학교 1,2,3학년생 1,020명을 대상으로 9월 15~21일까지 '초중학생 학원수강에 따른 저녁식사 실태'에 대해 설문조사를 실시하였다.

– 연합뉴스보도자료(민병두의원실 정책보도자료), 네이버뉴스, 2006. 10. 13

우리 청소년들 중 상당수가 학원수강 때문에 저녁밥을 먹을 시간을 확보하지 못하여 굶거나, 집이 아닌 밖에서 인스턴트식품으로 부실한 식사를 하는 것으로 드러나 성장기 건강은 물론 학업에도 많은 지장을 초래하고 있는 것으로 드러나고 있다.

– 한길리서치연구소

1. 우리 모둠원의 저녁 식사 실태를 확인해 보자.

① 일주일동안(월~금) 집에서 가족과 함께 저녁식사가 가능한 경우는 몇 번 정도인가?

질문유형 : 기술적 질문

② 학교에서 학원으로 바로 가기 때문에, 학원 주위에서 저녁식사를 해결하는 경우는 몇 번 정도인가? 그 이유는 무엇인가?

질문유형 : 기술적/개념적 질문

③ 저녁식사를 건너뛰는 경우는 몇 번 정도인가? 그 이유는 무엇인가?

질문유형 : 기술적/개념적 질문

2. 학원 주위에서 저녁식사를 해결하는 경우, 자주 선택하는 음식의 종류를 알아보고 장기적으로 건강에 미칠 영향을 분석해 보자.

① 자주 선택해서 먹는 음식의 종류와 선택하는 이유는?

질문유형 : 기술적/개념적 질문

② 위와 같은 음식 선택이 반복되었을 때 예상되는 결과 및 그렇게 생각하는 이유?

질문유형 : 개념적 질문

3 학습활동지 1

1. 모둠별로 준비한 식품광고 내용을 적은 후 어떤 효과를 겨냥한 광고인지를 적어본다.

질문유형 : 비판적 질문

2. 모둠별로 준비한 광고가 좋은 광고인지 유해한 광고인지를 비교 분석한다.

식품광고 내용	광고효과
이승기가 '도를레이 피자'를 많은 여성들에게 선보이면서 요들송에 맞춰 "통새우가 베이컨에 도를레이 도를레이 유후~ 샐러드가 또띠아에 말릴레이 말릴레이 유후~" 노래를 부른다.	[보기] 건강증진, 외관향상, 일의 활력증진, 즐거움, 사회적 지위 향상 노래와 함께 피자를 시각적으로 보여줌으로써 재료를 맛있게 부각시키며 동시에 호기심을 자극함으로써 외관향상, 즐거움의 효과를 준다.

[추론을 위한 질문]

① 식품광고는 믿을만한가? 왜 그렇다고 생각하는가?

질문유형 : 개념적 질문

② 식품 선택을 결정할 때 나의 결정은 광고의 어떤 의도에 영향을 받은 것인가?

질문유형 : 비판적 질문

③ 소문, 광고, 식품회사에서 제공하는 정보, 보도기관(TV, 신문)의 뉴스에 의해서 "식품에 대한 정보"를 접했을 때 어떤 태도로 받아들여야 하는가?

질문유형 : 개념적 질문

4 학습활동지 2

아래 광고의 문제점을 인식하고 좋은 광고를 만들어본다.

- 맥모닝 메뉴

세계적인 맥도날드 맥머핀으로 아침을 깨우세요.

- 치킨버거

영자 : 치킨버거 어때?
준철 : 그건 너무 작지?
영자 : 그럼 더블 버거?
준철 : 더 푸짐한 건 없어?
영자 : 그럼… 그릴 맥스버거!
영자 : 아, 턱 조심해.

- 맥시칸 닭강정

정말 놀라운 일이죠? / 닭고기로 이런 맛을 낸다니.
뼈 없는 닭다리 살에 / 달콤한 소스에 버무려
고소함이 사르르 / 이 놀라운 맛 맥시칸 닭강정

[추론을 위한 질문]

1. 위 광고의 문제점을 알아보자. 질문유형 : 비판적 질문
2. 위 광고와 같은 식품을 장기간 섭취하였을 때 나타날 수 있는 신체적 · 정신적 유해성을 설명한다. 질문유형 : 개념적 질문
3. 좋은 광고 문안을 만들어 본다.

5 학습활동지 3

1. 세원이네 가족 일기를 읽고 식품선택에 영향을 미치는 사회적 요소를 알아본다.

■ 세원 언니(중학교 3학년)

요즘 며칠째 소화가 안 되고 있다. 급식소에서 줄서는 일이 싫고 다른 친구들은 다 나가서 사 먹는데 나 혼자 급식하는 것이 좋지 않아서 친구들과 학교 앞 가게에서 라면과 햄버거로 때웠다. 오늘은 급식소에서 저녁식사를 해야 할까하는데… 어제까지 친구들에게 얻어먹어서 오늘은 내가 사야 되는데… 친구들이 뭐라고 할지 고민이다.

■ 세원(초등학교 5학년)

오늘은 나와 단짝친구가 생일에 초대해주었다. 어제 치킨 사달라고 엄마에게 말했다가 욕만 먹었는데. 친구가 초대해줬으니 기분도 좋고! 게다가 피자를 시킨다고 하니 더더욱 좋다! 친구 집에 가서 재밌게 놀면서 맛있는 것도 많이 먹어야겠다. 아 벌써 가슴이 두근거리고 기다려진다. 난 피자를 먹으면 하루가 행복하고 공부도 더 잘되는 것 같다. 친구야 고마워 생일에 초대해주어서. 초대받지 못한 친구들은 기분이 어떨까.

■ 세원 엄마(전업주부 45세)

오늘도 남편은 회식을 하고 온다고 하고, 큰딸은 12시가 넘어야 올 것이다. 저녁엔 학교식당에서 꼭 먹으라고 했는데. 급식소 반찬이 많이 개선되어서 먹을만 하다고 다른 친구 딸들은 얘기를 하던데… 왜 우리 딸은 학교 앞 패스트푸드점을 좋아하는지… 작은딸과 함께 저녁엔 무밥을 해서 먹어볼까? 국 끓이고 남은 무와 묵은 배추김치 송송 썰어 넣고 해보아야겠다. 양념장 만드는 레시피를 찾아서 오늘은 제대로 한번 해보아야겠다. 친정엄마도 그리워하면서. 보고 싶다. 엄마가… 전화라도 드려야지.

[추론을 위한 질문]

1. 각 사례에서 식품을 선택하는 데 미치는 사회적 요소는 무엇인가?

질문유형 : 개념적 질문

2. 바람직한 식품선택을 하기 위해서는 어떤 요소를 고려해야 하는가?

질문유형 : 기술적 질문

6 학습활동지 4

다음 사례를 읽고 친구가 식품 선택에 어떠한 영향을 주는지를 설명한다.

■ 사례 1

> 혜지는 친구들과 함께 점심 먹는 것을 좋아한다. 그들은 항상 같은 테이블에서 같은 메뉴의 라면이나 만두, 콜라 등을 먹는다. 어느 날 혜지는 가정시간에 배운 내용을 실천해보려는 생각을 하게 되었다. 그래서 엄마에게 부탁하여 도시락을 싸달라고 하였는데, 친구들이 놀릴까봐 두려워한다.

■ 사례 2

> 미영이와 친하게 어울리는 친구들은 고등학교 2학년 여학생으로 극도로 체중에 민감하여 신장에 대한 체중이 표준임에도 줄이려고 노력하고 있다. 늘 TV에 나오는 연예인들을 선망하며 그들의 외모에 부러움을 느끼며 심각하리만치 성형에도 벌써부터 관심이 많다. 미영이는 그 친구들과는 다르게 가정시간에 영양소에 관한 수업을 받은 후 균형식의 중요성을 깨닫고 음식을 골고루 먹으려고 노력을 한다. 하지만 친구들과 함께 식사를 하면 식사량과 메뉴선정에 어려움이 있고 너무 외모에 무관심하고 자기관리를 하지 않는다는 잔소리를 듣는다. 그래서 조금씩 친구들 무리 속에서 자신이 빠지고 있다는 느낌을 받는다.

[추론을 위한 질문]

1. 식품선택을 할 때 친구들이 크게 영향을 주는가? 그렇다면 이유는 무

엇일까요? 질문유형 : 개념적 질문

2. 식품선택에 친구들이 긍정적인 영향을 줄 때와 부정적인 영향을 줄 때 각각 어떤 결과가 나타나겠는가? 질문유형 : 개념적 질문

3. 친구들의 영향을 긍정적으로 처리할 수 있는 방법은? 질문유형 : 기술적 질문

7 학습활동지 5

[청소년 학원수강으로 저녁식사 부실, 건강에 심각한 위협]

- 초중학생 71.9%가 학교교과 관련 학원수강을 받고 있는 것으로 조사됐으며, 이들 중 39.8%가 학원수강 때문에 집에서 저녁밥을 먹지 못하고 학원이나 학원근처에서 저녁식사를 해결하거나 굶는다고 응답했다.
- 학원이나 학원 근처에서 먹는 경우 42.6%가 편의점, 매점에서 사먹는 것으로 나타났고, 무려 20.7%는 집에 갈 때까지 굶는다고 응답해 학생들의 저녁식사 실태가 매우 부실하고 엉망인 것으로 나타났다.
- 학원이나 학원 근처에서 하는 저녁식사의 내용 또한 부실하기 짝이 없는 것으로 조사됐다. 학원수강 초중학생 45.4%가 삼각김밥, 컵라면 등 인스턴트식품을 먹는다고 답했으며, 꼬치, 떡볶이 등 길거리 음식을 먹는다고 답한 학생이 25.7%였고, 7.8%의 학생만이 밥과 찌개 등 한식을 먹는다(*)고 답해 학원수강 초중학생들의 건강에 대한 우려를 낳고 있다.
- 학원 수강으로 인한 귀가 시간은 오후 10시~11시까지 들어온다는 학생이 20.6%로 가장 많았다. 11시~12시까지 15.2%, 9시~10시까지 14.8%, 새벽1시까지 2.9%, 새벽2시까지 2.5%, 심지어 새벽 3시까지 귀가한다는 학생도 1.4%가 있어 학원수강으로 인해 최소한의 수면 및 휴식시간 확보가 어려운 것으로 나타났다.
- 이와 같은 생활패턴 속에서 아침에 배가 아프고 속이 쓰려서 수업에 지장을 받은 적이 1번 이상 있었다(19.3%), 2번 이상(11.9%), 3번 이상(6.6%), 4번 이상(7.7%)로 절반가량의 학생이 복통 및 속쓰림으로 수업에 지장을 받고 있는 것으로 조사되었다.

– 연합뉴스보도자료(민병두 의원실 정책보도자료), 네이버뉴스, 2006. 10. 13

* 내재된 편견 : 한식을 먹어야만 건강하다는 생각이 내재되어 있음.

[추론을 위한 질문]

1. 위의 기사가 오늘날 청소년들의 생활패턴이라면 이러한 문제가 나타나게 된 요인을 개인 및 가정적 측면과 사회적 측면에서 분석해 보자.

질문유형 : 비판적 질문

2. 이런 실태가 개인과 가정, 사회에 장기적으로 미칠 영향을 분석해 보자.

질문유형 : 비판적 질문

3. 이러한 문제를 해결하기 위한 최선의 대안들을 제안해 보자.

질문유형 : 기술적 질문

4. 저녁식사 또는 간식을 선택할 때 진지하게 검토해야 하는 정보는 무엇이라고 생각하는가? 가장 중요하게 여겨지는 순서대로 3가지를 적고, 중요하게 검토하는 이유를 적어본다. 위의 순서대로 정보를 검토해서 저녁식사나 간식을 선택했을 때 장기적으로 나타날 결과를 예측해 보자.

질문유형 : 비판적/개념적 질문

8 학습활동지 6

1. 광고관련업체(http://www.tvcf.co.kr) 사이트와 참여마당을 소개하고 올해 방영된 광고를 시청한 후 점수매기기에 적극 참여하고 의견을 남긴다.

질문유형 : 비판적 질문

> [예시] 광고를 사랑하는 사람들에게 보내는 편지 – 핫초코 광고를 보고나서
>
> 엄마는 한 남자의 아내란 걸 새삼 느끼게 하며 엄마가 자녀를 위해 매일 같이 헌신하는 것을 못 본 척 하면서도 다보고 있는 조금은 무뚝뚝한 모습이 대부분의 아버지의 얘기인 것 같습니다. "내 여자 괴롭히지 마라"는 멘트는 아버지의 악의 없는 당부이면서 아버지와 아들의 남자라는 공통점이 가족의 사랑으로 잔잔히 연결되어지면서 세월이 흘러도 부부간의 사랑, 자식의 사랑은 영원하다는 메시지를 주었습니다. 오늘처럼 추운 날 사랑하는 가족과 함께 후후 불어가면서 먹고 싶은 마음이 드네요. 광고만큼 건강에도 좋은 음료이길 기대합니다.

[예시] 박카스 선전

2. 2008년 건강달력 만들기

[예시] 나의 건강 달력

일	월	화	수	목	금	토
	가족과 건강목표 공유하기	양파, 당근 먹는 날	두 정거장 먼저 내리는 날	라면 먹지 않는 날	물 많이 먹는 날	아빠, 엄마에게 힘 드리는 날
광고 모니터하는 날	탄산음료 멀리 하는 날	할머니께 전화하는 날	급식 남기지 않는 날	매점 안가는 날	과일 많이 먹는 날	친구 격려하는 날

일	월	화	수	목	금	토

제5장
평가 문항 개발

전통적인 방법들의 한계를 인식하기 시작하면서 교육자들은 학생들의 능력과 성취도를 더 의미 있는 방법들로 평가하고자 연구해 왔다. 본 장에서는 첫째, 다양한 교육과정 관점들에서 본 평가의 특징들을 확인하고 둘째, 가정과에서 유용한 대안적 평가도구들을 탐색할 것이다.

01 | 평가의 대안적 관점

교사가 가진 교육과정에 대한 관점은 평가를 할 때도 중요한 역할을 한다. 따라서 교사는 수업을 설계하고, 개발하고, 실행하고, 평가하는 전 과정에서 일관된 행동들을 취하려고 노력해야 한다. 특히 평가에서는 신뢰하는 관점을 직접적으로 반영해야만 한다.

〈표 2.18〉은 Brown(1978)이 분류한 세 가지 교육과정 관점에 따라 다른 평가 요소들-평가의 목적, 포함되는 학생 능력, 평가내용, 학생들 간의 관계, 팀 활동, 공동체에 미치는 교수의 영향, 교수 학습 과정 중 평가할 때 제기되는 질문 등에서의 차이를 Olson 등(1999)이 정리한 내용이다. 여기서 기술적 관점 그리고 개인적 관련성 관점(Personal Relevance)은 Eisner(1985)에 의해 사용된 용어이며, Brown이 지지한 비판과학 관점은 Eisner의 두 가지 관점인 사회적 재건 관점과 인지적 과정 관점을 통합한 개념이다.

본 교재에서 지향하고 있는 비판과학 관점에 초점을 맞추어 이러한 요소들의 특징을 살펴보면 다음과 같다(표 2.18).

첫째, 이러한 관점에서의 평가 목적은 사회적 문제들과 관련된 학생들의 실천력을 평가하는 데 있다. 둘째, 학생들은 논쟁점들을 밝혀내고, 그 논쟁점을 넓은 맥락에서 보는 것을 배우고, 실천적 추론과 비판적 사고, 듣기 그리고 협동을 포함한 다양한 과정들을 통해 실천하고자 하는 의지를 배운다. 또한 다양한 관점들을 보고 이성적인 반성적 논증을 사용할 것이 강조된다. 셋째, 이 관점에서는 실제적 문제 또는 가상적 문제로 이루어진 교과내용과 교수학습 과정모두가 평가 대상이 된다. 넷째, 학생들은 협동적인 관계에서 평가에 참여할 수 있다. 즉, 학생들은 문제를 함께 풀 수도 있고 다른 과제들을 성취할 수도 있는데, 이러한 것들이 같은 활동 조원들이나 선생님에게 평가된다는 뜻이다. 다섯째, 어느 관점에서나 학생들은 팀 과제나 활동들에 참여할 것이나 비판 과학 관점에서는 팀 활동이 평가 대상이 된다. 협동과 협력의 과정은 비판 과학에서 가장 중요한 과정들이며 비판 과학 관점에서 평가되는 핵심적인 기술 또는 능력이라고 여겨진다. 여섯째, 각 관점에 따라 사회를 보는 관점은 다른데, 비판과학 관점에서의 근본적인 목적은 인간 환경을 개선하는 것이다. 학생의 행동 결과는 사회적 환경의 비판과 사회의 개선으로 향하는 움직임이어야 한다. 끝으로, 비판과학 관점의 교사는 학생이 문제를 해결하는데 어떻게 활동을 했는지에 관심이 있다.

〈표 2.18〉 관점에 따른 평가의 구성 요소

평가	기술적 관점 (Technology)	개인적 관련성 관점 (Personal Relevance)	비판과학적 관점 (Critical Science)
평가의 목적	• 학습에 앞 서 교사/교육과정에 의해 규정되는 결과들을 평가 • 정보의 세분화된 부분들에 초점 • 문서로 학습	• 개인적 성장을 평가 • 개인의 성장을 도움	• 사회적 문제들을 해결할 수 있는 학생의 능력 평가 • 학습을 촉진 • 탐구와 문제 해결에 초점
포함되는 학생능력	• 사용되는 목적들에 따라 결정 : 교육과정이나 교사가 목적들을 규정함 • 교수 중 제시되는 정보의 복제	• 개방적이고 독립적인 인격체로의 성장 • 자기의식의 성장; 학생들은 그들만의 독특한 잠재성을 의식 • 학생 행동이나 태도의 개선 • 자신과 근본적으로 관련된 문제 해결	• 이슈들 확인 • 해결책의 생성 • 실천으로 옮기는 의지 • 맥락을 폭넓게 보는 시야 • 실천적 추론, 비판 사고, 듣기, 협동을 포함한 다양한 활동들의 적용과 다른 관점들을 볼 수 있는 능력과 결정 능력 • 반성적, 이성적 논쟁의 발달
평가 내용	• 교과내용은 규칙 지향적이고, 경험적 과학에서 얻음 • 교육과정들은 정해진 규칙에 의해 평가됨 • 학생의 성과들은 표준에 따라 평가됨 • 하나의 의미를 갖는 보편적 지식	• 개인의 성장을 보이기 위한 과정과 교과내용을 다룸 • 학생에게 의미가 있는 지식은 중요함	• 평가 내용 자체가 실제적 문제 또는 가상 문제 • 과정과 교과내용은 문제들을 해결하는 데 사용(교과내용+과정들=내용) • 지식은 다중의 의미를 가짐

(계속)

평가	기술적 관점 (Technology)	개인적 관련성 관점 (Personal Relevance)	비판과학적 관점 (Critical Science)
학생들의 관계	• 경쟁적인 학생들 간의 경쟁	• 개인적인 • 학생은 스스로와 경쟁 또는 개인의 성장을 시험	• 협동적인 • 학생들은 문제를 해결하기 위해서 함께 일함
팀 활동	• 학생이 개인적 과정이라고 간주되므로, 팀 활동은 고려되지 않는 평가 항목. 만일 고려된다면, 정해진 규칙에 의해 평가	• 학습은 개인적인 활동이므로 고려되지 않음. 고려된다면, 팀 활동이 얼마나 개인의 성장에 기여했는지가 목적	• 팀이 학습과정에 관련된다면, 팀 활동들은 평가됨(학습이 공유됨) • 팀은 이슈를 해결하기 위해 사용된 행동들과 과정들에 대해 성찰
공동체에 미치는 교수의 영향	• 고려되지 않음 • 사회와 그 환경은 수용되어져야 하고 보호되어야 함	• 자신이 사회 안에서의 독립성을 갖추기 위한 문제 해결력의 성숙	• 사회 안에서 인간 환경의 개선 • 교육은 사회 목표의 비평과 사회 개선의 움직임에 있어 중요한 핵심
학습이나 교수를 평가할 때 제기되는 질문 예시	• 과제의 완성도가 어느 정도인지? • 학생들이 완성한 것으로부터 무엇을 배웠다고 생각하는지? • 그/그녀는 일이 어떻게 했으면 더 개선될 것이라고 생각하는지? • 그/그녀가 미래의 과제에 추구될 만한 어떤 생각들을 말했는지? • 이상적인 과제와 학생의 과제가 얼마나 근접했는지? • 답들이 얼마나 정확했는지? • 학습 목표를 얼마나 달성했는지?	• 이 활동이 나의 능력들을 얼마나 개선시켰는지? • 이 활동을 통해 내가 얼마나 성장했는지? • 미래에 내가 배운 새로운 실력을 어떻게 적용할 수 있을지? • 아이에게 과제가 얼마나 의미 있었는지? • 그/그녀 자신의 목표를 성취하기 위해 학생은 어떤 자료 또는 정보를 사용했는지? • 학생이 얼마나 그/그녀 자신의 목표에 달성했는지?	• 행동한 것들 중 무엇이 긍정적/부정적 기여를 했는지? • 경험을 통해 어떤 주제와 과정들을 배웠는지? • 조사를 통해 어떤 새로운 논쟁점/문제들을 찾았는지? • 과정이 어떻게 문제를 해결하는데 도움을 줬는지? • 문제를 해결하기 위해 어떤 자료나 정보를 사용했는지? • 문제를 해결하기 위해 조 활동을 어떻게 했는지?

자료 : Olson, Bartruff, Mberengwa & Johnson(1999 : 211-214).

02 | 대안적 평가 도구

여기서는 가정과 평가방법 중 학생평가의 새로운 대안으로 제시되고 있는 수행평가 방법과 비판적 관점에서 평가 문항개발에 초점을 맞추어 살펴보고자 한다. 특히, 여기서는 실제 사례를 중심으로 소개하고자 한다.

1 수행평가

수행평가란 학생 스스로가 자신의 지식이나 기능을 나타낼 수 있도록 답을 작성하거나 산출물을 만들거나 행동으로 나타내도록 요구하는 평가 방식을 말한다. 즉, 학생 응답 자체가 평가된다는 의미이다.

수행평가는 비판 과학적 관점에 잘 들어맞는다. 수행평가가 신뢰할 수 있을 때, 학생들은 "실제 세계"의 문제들을 규명하고, 해결책들을 모색하며 그러한 문제들을 해결하기 위해 행동을 취할 것이다. 초점은 완성된 결과물에 있는 것이 아니라 학생들이 얼마나 많이 배우고 주제와 더불어 과정들을 얼마나 적용했는가에 있다.

학생들은 수행평가의 논쟁점이나 과제들을 해결하기 위해 같이 협동하는 모임에 참여할 것이다. 학생들 간의 관계와 함께 이러한 조 활동들 또한 평가될 수 있는데 이것은 비판 과학적 관점에서 매우 중요하다. 학생들은 또한 반성적 사고에 몰두할 수도 있다. 이를 통해 학생들은 과제가 얼마나 잘 수행됐는지, 무엇을 배웠는지 그리고 그들의 과제를 어떻게 하면 향상할 수 있을지를 스스로에게 물어볼 뿐만 아니라, 그 교육과정에 대한 반성적 질문들을 할 것이다.

이러한 질문들의 예로 문제들을 해결하는데 있어 교육과정이 어떻게 도왔는지, 어떤 자료들이 사용되었는지, 그리고 문제를 해결하기 위해 조원들이 어떻게 함께 일했는지 등이 있을 것이다(Olson, Bartruff, Mberengwa & Johnson, 1999).

현재 널리 사용되고 있는 수행평가의 방법들은 서술형 · 논술형 평가, 구술시험, 찬 · 반토론법, 실기시험, 실험 · 실습법, 면접법, 관찰법, 자기평가보고서, 포트폴리오 등이 있다.

1) 서술형 및 논술형 평가도구 예시

서술형 검사는 흔히 주관식 검사라고 하는 것으로 학생들이 문제의 답을 선택하는 것이 아니라, 직접 서술하는 검사이다. 논술형 검사도 일종의 서술형 검사에 속하지만, 개인의 주관적 견해나 주장을 설득력 있게 논리적으로 조직해 나간다는 점과 분량에 있어서 서술형 검사와 구별된다. 따라서 논술형 검사는 서술된 내용의 깊이나 분량, 논리적 구성능력 등을 평가하게 된다(신상옥 · 이수희, 2001).

(1) 서술형 평가 예시

환경호르몬의 정의와 환경호르몬이 인체에 미치는 영향, 그리고 이러한 문제를 해결하기 위한 대처방안을 개인적 및 국가적 차원에서 서술하시오(600자 이내).

① 성취기준, 평가기준 및 배점

성취 기준 : 환경호르몬이 인체에 미치는 영향을 알고, 이러한 문제를 해결하기 위한 대처방안을 개인적 · 국가적 차원에서 제시할 수 있다.			
평가 요소	**평가 기준**		**배점**
(가) 환경호르몬에 대해 정확하게 파악하고 있는가?	상	위에 제시된 조건 모두를 충족시킬 뿐 아니라, 논리적으로 의미가 통할 때	10점

(나) 환경호르몬이 인체에 미치는 영향을 정확하게 서술하고 있는가? (다) 문제해결을 위한 대처방안을 개인적 및 국가적 차원에서 서술하고 있는가?	중	제시된 조건은 충족하나, 의미가 제대로 통하지 않거나, 제시된 조건 3가지 중 1가지 정도가 빠져있을 때	8점
	하	제시된 조건 중 2가지 이상 빠져있고, 논리적으로도 의미가 통하지 않을 때	6점
비고 : 전혀 답을 쓰지 않을 경우에는 0점 처리한다.			

② 예시 답안

환경호르몬이란 맹독성 농약이나 화학재료를 원료로 하는 컵라면 용기나 아기의 플라스틱 젖병에 함유되어 있는데 이것은 화학구조가 인체의 호르몬과 비슷해 인간이나 동물의 체내에 축적될 경우 정상적인 호르몬 기능에 영향을 미치게 된다. 이로 인해 생물의 생식기능의 저하로 인한 정자 수 감소, 여성의 생리 불규칙, 기형 출산, 성기 퇴화 등 인체에 유해한 피해를 끼치게 된다.

환경 호르몬의 피해를 줄이기 위해선 우선 살충제나 농약으로 인해 오염된 농산물의 세척에 신경을 써야 하겠다. 먼저, 국가에서는 잔류농약 검사를 의무화하고 농산물 실명제를 도입하는 등 각종 대책을 마련하여 농산물로 인한 환경호르몬의 피해를 최소화시켜야 하겠다. 또한 각 개인들은 첫째, 농산물 등을 흐르는 물에 세척제로 씻어 껍질을 벗겨 먹는 등 농산물의 세척에 신경을 써 농약에 함유된 환경호르몬의 피해를 막아야 할 것이다. 둘째, 화학재료에 포함된 환경호르몬의 피해를 막기 위한 방법으로 전자레인지로 음식을 데울 때에는 플라스틱이나 랩을 사용하지 않도록 하고, 컵라면 용기의 사용을 제한하며, 아이의 장난감은 PVC가 포함된 것을 피하고 가능한 목재 등 천연 소재로 만든 것을 고르는 등 세심한 주의가 요구된다.

(2) 논술형 평가 예시(출제자 : 서울대학교 의류학과 홍혜선)

다음의 사진 자료는 PETA(People for the Ethical Treatment of Animals) 소속원들이 2006년 9월 27일 Roberto Cavalli의 s/s Milan collection에서 모피 반대 운동을 하는 모습을 찍은 것이다. 이 단체는 이 컬렉션뿐만 아니라 버버리 프로섬의 런웨이에도 갑자기 등장해 "Burberry fur shame"이란 문구의 피켓을 들고 나와 쇼가 잠시 중단되는 일이 발생했다. 의복 생산 과정 중 소재의 선택에서 모피의 사용에 대한 자신의 견해를 밝히고, 그 이유를 논하시오.

① 성취기준, 평가기준 및 배점

성취 기준 : 의복생산 과정 중에 모피 소재의 사용이 왜 문제가 되는지 이해할 수 있으며, 자신의 견해를 논리적으로 제시할 수 있다.			
평가 요소	평가 기준		배점
(가) 의복 생산 과정 중에 모피 소재의 사용이 왜 문제가 되는지 이해할 수 있는가? (나) 모피의 사용에 대한 자신의 견해(찬성 혹은 반대)를 논리적으로 밝히고 있는가?	상	제시된 조건을 모두 충족시키고 논리적으로 의미가 통할 때	10점
	중	제시된 조건 중 1가지 빠져 있거나, 의미가 제대로 통하지 않을 때	8점
	하	제시된 조건도 제대로 충족시키지 못하고, 논리적으로도 의미가 통하지 않을 때	6점
비고: 전혀 답을 쓰지 않을 경우에는 0점 처리한다.			

② 예시 답안

모피는 원래 포유동물의 피부를 벗긴 그대로의 것(원료모피)을 가리키나, 일반적으로는 털이 붙어 있는 채로 무두질하여 의복 등에 이용할 수 있도록 한 것을 일컫는다. 모피 소재의 사용 이유는 크게 두 가지로 구분해 볼 수 있다. 하나는 실용모피로서 모피를 전적으로 방한을 위해 사용하는 것이고, 또 다른 하나는 모피를 주로 장식을 위해 사용하는 장식모피이다. 대개의 경우 문명국에서는 모피를 장식과 실용적 방한을 겸해서 사용한다.

이러한 모피 소재의 사용이 문제가 되는 이유는 첫 째, 생태계 파괴를 초래하기 때문이다. 인간을 위한 모피의 소재로 사용되는 동물의 종류가 많지 않아 특정 동물들이 집중적으로 사냥된다. 이것은 곧 자연스레 먹이 사슬에서 한 개체 집단의 급격한 수의 저하 혹은 멸종으로 이어진다. 그 예로는, 해달, 물개, 은여우 등을 들 수 있으며, 이 동물들의 수가 현저하게 주는 것은 비단 그 동물들 뿐 아니라 그 동물들의 천적이나 먹이사슬의 바로 하위 개체들에게도 영향을 미치므로 간단한 문제가 아닌 것이다. 두 번째로 문제되는 것은 생명체를 대하는 태도이다. 얼마 전에 인터넷에 모피 만드는 과정이 적나라하게 찍힌 동영상이 올라와 화제가 되었던 적이 있다. 너구리의 가죽을 산채로 벗기고, 품질 좋은 털을 얻겠다는 이유로 물범을 '때려' 죽이는 모습을 보고 많은 사람들이 경악을 금치 못했다. 이러한 태도는 자칫하면 사람들에게 인간이 모든 동물보다 우월하다는 잘못된 인식을 심어줄 수 있기 때문에 문제가 된다.

- **모피의 사용에 찬성하는 경우** : 하지만 모피의 사용이 전적으로 나쁜 것은 아니다. 추운 지방에서 방한용으로는 모피만한 것이 없기 때문이다. 다만 모피의 대상이 되는 동물들을 무조건적으로 살상하지 않고, 필요한 정도만 취하고, 우리가 그것을 착용할 때 생명의 소중함을 인지한다면, 모피의 사용은 크게 문제되지 않을 것이다.
- **모피의 사용에 반대하는 경우** : 모피는 착용하는 사람 수가 적고 고가이기 때문에 더 인기가 많은 측면이 있다. 장식용 귀걸이를 만들기 위해 동물 몇 마리를 죽인다거나, 실용성은 전혀 없지만

전시나 과시용으로 만들어지는 모피 속옷 등은 사람들로 하여금 눈살을 찌푸리게 만든다. 생명의 소중함을 깨닫고 우리는 모피 사용을 즉시 중단해야 할 것이다.

2) 포트폴리오

포트폴리오란 자신이 쓰거나 만든 작품을 지속적 체계적으로 모아 둔 개인별 작품집 혹은 서류철을 이용한 평가 방법이라 할 수 있다. 예를 들어 학생이 자신의 진로를 탐색해 가는 과정을 순서대로 모아둠으로써 자신에게 맞는 진로를 선택하는 데 이용할 수 있다. 이 자료를 가지고 전문가에게 상담을 받는 데도 활용할 수 있다. 또한 교사는 이 자료 철을 보고 학생이 자신의 진로를 선택하는 데 얼마나 많은 정보를 활용했으며, 얼마나 많은 고민을 하고 결정을 내렸는가를 알 수 있으며 개별 학생들의 진로지도에도 이용할 수 있으며 학생들이 자신의 적성에 맞는 대학을 선택할 때에도 도움이 된다. 그 외, 음식문화, 가족문제 등에 대한 주제별 기사 모음집이나 환경에 대한 그림이나 사진, 실험 · 실습의 결과 보고서 등을 정리한 자료집을 평가할 수도 있다(신상옥 · 이수희, 2001).

포트폴리오는 학생들이 무엇을 배우고, 어떻게 배우며 그들이 배우는 속도에 대해 말할 수 있도록 해주는 도구로 사용될 수 있다. 이러한 목적들은 비판 과학적 관점의 중요한 요소들을 공통으로 갖는다. 여기에서 비판 과학적 관점은 교수법과 학습법을 지도하는데, 주로 결과물, 소통, 목표 세우기, 반성의 결과보다는 과정을 중요시하고, 개인과 가족의 복지 증진에 영향을 주는 중요한 논쟁점들에 대한 통찰력을 얻게 한다. 그러나 포트폴리오는 지나치게 기술적 혹은 개인적 관련 관점을 따르는 경우도 있다. 포트폴리오에 학생의 작업의 수집만이 포함됐거나 교과 분야의 개인적 성장 기록만이 있을 수 있다. 그와 달리, 비판 과학 관점을 사용한다면 포트폴리오는 확연하게 달라 보일 것이다. 학생들과 교사들은 포트폴리오의 발전 과정을 검사해보고 완성된 결과물과 학생의 사회적 문제들을 해결해 나가는 실천력을 평가할 뿐만 아니라 포트폴리오의 부분들을 발췌할 것이다. 포트폴리오에는 반성적 사고와 이용된 정보를 검사해보는 증거가 있을 뿐만 아니라 포트폴리오에서 기술된 것들을 통해 학생들이 문제들을 해결해나가는데 교육과정이 어떻게 도왔는지 알 수 있다(Olson, Bartruff, Mberengwa, & Johnson, 1999).

(1) 예 시

자신에게 맞는 진로를 선택하기 위하여 활용한 자료를 다음과 같이 스크랩북을 만들어 제출하시오.

- 스크랩북의 겉장에 다음의 사항을 그림으로 제시할 것(신문자료 참조)
- 도식화할 때 반드시 들어가야 할 내용 : 자신의 진로, 삶의 목표, 삶의 태도, 존경하는 인물(있는 경우만), 자신의 적성 · 소질 · 능력 · 관심, 정보수집 방법(서적, 인터넷, 신문, 인터뷰, 잡지 등), 선택한 직업의 전망, 도움 받은 분 등
- 스케치북에 붙일 내용 : 서적자료 2~3부, 인터넷 및 신문자료 3부, 인터뷰 자료 1부 등 수집한 자료

평가 기준과 배점은 다음과 같다.

평가기준		배점	비 고
상	서적, 인터넷 및 신문, 인터뷰 등의 자료를 다 갖추고 있을 때	5점	단, 인터뷰를 하기 힘든 경우에는 인터넷, 편지 등을 통한 인터뷰도 가능함. 제출 마감 후 5일 이내 제출한 경우는 해당 점수에서 0.5점 감점하고, 그 이후 제출은 1점 감점한다.
중	서적, 인터넷 및 신문, 인터뷰 등의 자료 중 1가지가 누락되었을 때	4점	
하	서적, 인터넷 및 신문, 인터뷰 등의 자료 중 2가지 이상 누락되었을 때	3점	

2 실천적 문제 중심 수업에서의 지필 평가 문항 예시

비판적 관점의 교육과정에서 지식에 대한 개념은 인식된 내용(교과내용)과 능동적으로 인식하는 과정(과정지식)으로 구성된다. 또한 지식은 실제 생활에서의 문제해결력이다(Brown, 1978). 따라서 여기서는 교과내용 지식을 위한 문항 개발 자료(예시1.5 참조)와 과정 지식을 위한 문항 개발 자료(예시 6.8 참조)를 소개한다.

1) 교과내용 지식을 위한 문항

① 예시 1 : 실천적 문제 중심 수업: 생태계의 공존을 위한 식품선택과 관련하여 우리는 무엇을 해야 하는가?

1. 건강한 식생활을 위해 식품선택을 가장 잘 한 경우는?

   1) 좋아하는 가수가 선전하는 식품을 구입한다.
   2) 날씬한 몸매를 위해 다이어트 식품 광고를 보고 구입한다.
   3) 친구들과 잘 어울리기 위해 분식점에서 자주 음식을 사 먹는다.
   4) 광고에 나온 식품이라도 표시사항을 잘 확인한 후 구입한다.
   5) 유행을 좇아서 가지고 다니면서 먹을 수 있는 음식을 주로 구입한다.

자료 : 2008년 1월에 실시된 실천적 문제 중심 가정과 교육과정 전문가 연수 과정 중 개발 · 발표한 문항(개발자: 2팀)

② 예시 2 : 환경호르몬에 대한 논술 수업

2. 환경호르몬의 위협으로부터 우리의 건강을 보호하기 위해 우리들이 해야 하는 노력으로 가장 타당한 것은 ?

   1) 어린이용 장난감의 소재로 목재 대신 PVC가 포함된 제품을 선택했다.
   2) 윤기 나는 사과 대신 벌레 먹은 자국이나 흠집이 있는 사과를 선택했다.
   3) 가능하면 세척력이 강한 세제를 사용하려고 노력했다.

4) 전자레인지로 음식을 데울 때 랩을 씌웠다.
5) 설거지 양을 줄이기 위해 1회용 접시를 사용했다.

③ 예시 3 : 재활용 수업(읽기자료 활용)

[읽기 자료] 재활용(Recycling)

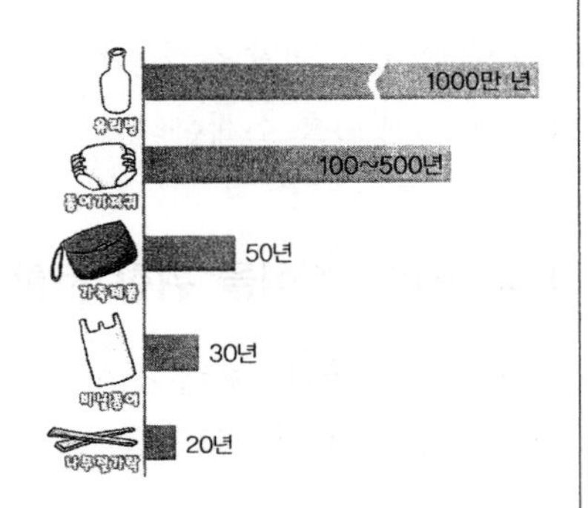

쓰레기 발생을 줄이면서 자원을 낭비하지 않는 방법은 무엇일까요? 바로 "재활용"입니다. 대부분의 "쓰레기"는 사실 재활용이 가능합니다. 수거된 쓰레기 전부를 분류해서 그것을 재활용 공장에 보내거나, 음식물 쓰레기는 정원의 퇴비로 이용할 수 있습니다. 재활용이 불가능한 것보다는 재활용에 드는 비용이나 수거 체계에 문제가 있어 활용이 잘 되지 못하고 있습니다.

재활용을 하기 위해서는 기업이 중고 물품을 사용할 능력이 있어야 합니다. 또한 자원절약이 중요한데 수명이 긴 자원을 이용하는 것입니다. 종이가방이나 비닐봉투 보다는 수명이 긴 천으로 된 가방을 사용하고 종이컵보다는 도자기컵 등을 사용해 일회용품 사용을 줄이는 것도 중요한 자원절약의 방법입니다.

3. 재활용 관련 수업을 통해 우리가 앞으로 취해야 할 행동으로 옳은 것은?

1) 골판지, 팩스용지, 모조지 등은 종이수거함에 넣어 재활용이 되도록 한다.
2) 주스병과 같은 1회용 병은 재생 불가능하므로 일반쓰레기 수거함에 버린다.
3) 이물질이 혼합된 폐지를 재활용품으로 분류해서 버린다.
4) 라벨이 붙은 와인 병은 재활용 불가능하므로 일반쓰레기 수거함에 버린다.
5) 학급 행사 시 접착테이프 사용을 줄이고 풀을 사용한다.

④ 예시 4 : 실천적 문제 중심 수업 – 자아존중감 향상

4. 영수는 9학년 수학을 아주 잘 소화하고 있어 영수의 부모님과 선생님은 약간 높은 수준인 10학년 수학반에 넣기로 결정했다. 그러나 현재 그는 스스로 수학 성적이 좋지 못하다고 말하고 있다. 또한 그는 아무도 자신을 좋아하지 않는다고 느끼고 있다. 영수가 낮은 자아존중감을 경험하게 하는 것은 무엇 때문이라고 생각하는가?

   1) 그는 그 일이 훨씬 더 어렵다고 생각하고 있다.
   2) 그는 그의 새 수학교사와 사이좋게 지내지 못하고 있다.
   3) 그의 부모들은 그의 성공을 위한 기대치가 낮다.
   4) 그의 선생님들도 그의 성공을 위한 기대치가 낮다.

자료 : The Ohio State University(1997).

⑤ 예시 5 : 실천적 문제 중심 수업 – 고정관념 파악하기

5. 가정생활과 직업생활의 조화를 위해 방해되는 고정관념이 가장 적절하게 수정된 사람은 누구인가?

   1) 결혼 후 여성은 직업을 갖지 않는 게 바람직하다고 생각하는 영수
   2) 맞벌이는 필수적이라고 생각하는 현민
   3) 외식은 무조건 가족건강을 해친다고 생각하는 지현
   4) 맞벌이 상황에서 사회지원 체제를 이용하여 갈등을 풀어가는 혜교
   5) 여성과 달리 남성은 꼭 직업을 가져야 한다고 생각하는 승헌

자료 : 2008년 1월에 실시된 실천적 문제 중심 가정과 교육과정 전문가 연수 과정 중 개발 · 발표한 문항(개발자: 4팀).

2) 과정 지식을 위한 문항

⑥ 예시 6 : 실천적 추론 과정 – 문제 인식

6. 다음의 사례는 실천적 추론 과정 중 어느 단계에 해당하는가?

   어느 날 지성이는 거리를 지나가다가 요즘 친구들 사이에서 최신 유행하는 'PAMA 바람막이 점퍼'를 발견했다. 지성이와 친한 친구 중에 이 옷을 안 입은 친구는 거의 없다. 게다가 이게 웬일이야! 오늘 딱 하루만 50% 세일을 해서 8만 원에 판다고 한다. 이번 달 용돈은 5만 원뿐인데, 어떻게 하지?

1) 문제를 인식하는 단계
2) 문제의 맥락을 이해하는 단계
3) 기대하는 목표를 세우는 단계
4) 바람직한 대안을 탐색하는 단계
5) 행동을 하는 단계

자료 : 2008년 1월에 실시된 실천적 문제 중심 가정과 교육과정 전문가 연수 과정 중 개발 · 발표한 문항(개발자: 성은주).

⑦ 예시 7 : 실천적 추론 과정: 정보수집 및 평가

7. 여러분들이 실천적 문제를 해결하기 위해 정보를 수집하고 평가할 때, 어떤 전략이 적용되어야 하는가?

1) 여러분들이 가장 최선이라고 생각하는 관점을 지지하는 정보를 사용한다.
2) 문제해결을 위한 과학적 방법을 사용한다.
3) 뉴스 매체를 통해 이용할 수 있는 법적 자원들을 조사한다.
4) 정보가 적절하고 신뢰할 수 있는지 검토한다.

자료 : The Ohio State University(1997).

⑧ 예시 8 : 실천적 추론 과정: 대안 탐색

8. 다음 사례는 은주가 당면한 사례이다. 문제를 해결하기 위한 과정 중 최선의 결정을 위해 은주가 가장 먼저 해야 할 일은?

은주는 전자사전을 사야겠다는 생각 때문에 일반사전은 사고 싶지 않았다. 그래서 계속 돈을 모으고 있었다. 그런데 이게 웬일인가, 삼촌이 놀러 오셨다가 용돈으로 3만원을 주셔서 드디어 고대하던 전자사전을 살 수 있게 되었다.

그런데 ~ 이럴 수가… 문제가 생겼다. 최근 학교에 잘 보이진 않던 경림이가 많이 아픈데 병원비가 부족하다고 선생님께서 성금을 모으자고 하신다. 선생님께서는 부모님을 졸라서 하기보다는 친구를 생각하는 마음으로 각자의 용돈을 내는 것이 더 의미 있다고 하신다. 3만원이 있긴 한데… 우리반 친구들도 내가 돈이 있다는 걸 알고… 경림이도 돕고 싶은데… 하지만 이 돈을 성금으로 내고나면 또 한 달을 기다려야 용돈이 생긴다. 어떡하지? 친구를 위해 성금으로 낼까? 아니야 내가 얼마나 기다리던 날이야… 그냥 엄마에게 달라고 할까?

1) 은주가 할 수 있는 선택들을 정리해 본다.
2) 엄마에게 사실대로 말하고 의논한다.

3) 은주의 돈 3만원을 성금으로 낸다.
4) 돈을 내지 않았을 때 경림이에게 일어날 일들을 생각해 본다.
5) 가장 친한 친구에게 갈등 상황을 말한다.

자료 : 2008년 1월에 실시된 실천적 문제 중심 가정과 교육과정 전문가 연수 과정 중 개발 · 발표한 문항(개발자: 임정선).

제3부

실천적 문제 중심 가정과 수업의 실제

3부에서는 2부에서의 경험을 기초로, 실천적 문제 중심 수업의 핵심 요소들이 전체 수업 과정에서 어떤 역할을 하고 있는지, 수업을 만들어 가는 과정을 통해 실천적 문제 중심 수업을 이해하도록 했다. 나아가 교사들이 실제 수업을 개발하고 실행하는 과정의 이해를 돕고자 사례를 통해 구체적으로 설명했다.

제1장

실천적 문제 중심 수업의 과정

01 실천적 문제 중심 수업의 준비

교사는 실천적 문제로 수업을 시작하기 위해서는 실천적 문제 개발 방식에 따라 실천적 문제로 개발하고(2부 3장 참조), 개발된 실천적 문제에 맞는 실천적 문제 시나리오를 제작한다(2부 4장 참조). 그런 후 다음과 같이 단계적으로 수업의 흐름을 미리 정리해 보아야 한다.

첫째, 수업에서 다룰 문제의 해결과 관련하여 가장 이상적인 목표나 상태를 파악해야 한다. 둘째, 수업에서 다룰 문제를 해결하는데 필요한 다양한 배경과 상황을 검토하고 고려해 보아야 한다. 셋째, 수업에서 다룰 문제를 해결하는데 있어서 전형적인 방법과 대안적인 방법을 찾아보아야 한다. 넷째, 수업에서 다룰 문제를 해결하고자 할 때 대안에 따라 행동할 때 일어날 수 있는 일을 미리 생각해 보아야 한다. 다섯째, 문제

해결을 위한 전략을 탐색하고, 행동으로 옮기려고 할 때 필요한 능력을 파악해야 한다. 여섯째, 문제해결을 위한 능력을 기르고 실천할 수 있도록 한다.

02 실천적 문제 중심 수업의 흐름

여기서는 오리건 주의 실천적 추론 단계에 맞춰 실제 수업을 개발해 가는 과정을 통해 실천적 문제 중심 수업의 흐름을 이해해 보고자 한다.

1) 문제 확인하기

교사와 학생들은 학습자료1 '우는 명절? 웃는 명절!', 학습자료2 '우리 가족, 얼마나 평등한가!'를 읽고, 우리가 직면하고 있는 문제(실천적 문제)가 무엇인지 함께 생각해 본다. 이 문제와 관련하여 우리는 어떤 행동을 해야 할까?라고 질문을 제기하면서 수업을 시작한다.

실천적 문제 : 양성 평등한 명절문화를 만들기 위해 우리들은 무엇을 해야 하는가

2) 문제배경 이해하기

교사와 학생들은 대화를 통해 이 문제와 관련된 사람들의 생각을 알아본다. 이때 고정관념은 없는지 검토한다. 이 문제와 관련된 사람은 누구이며, 이들은 가사 분담 또는 '남자는 바깥 일, 여자는 집안 일'에 대해 어떤 생각을 가지고 있는지 검토해 본다(평소 자기 집의 명절에 참석하는 사람들을 중심으로 생각할 것).

- 친할머니 : "내 일이지 뭐~ 그래도 명절엔 너네(엄마와 작은엄마들)가 해오니 준비가 금방 끝나고 편해서 좋다~"(하면서 할아버지에게도 며느리들에게도 불평도 못하고 참으십니다.)
- 친할아버지 : "여자가 해야지! 그릇 옮기는 것도 시키지 마!"(라며 부엌엔 안 들어오십니다.)
- 아빠 : "시킬 것 있으면 시켜요, 허허허."(하면서 슬그머니 어딘가 들어가서 주무셨었는데, 엄마가 전일제로 취직하신 후로는 아침 설거지를 도맡아 하시고 과일도 직접 깎아 드시는 등 조금씩 달라지시고 계십니다.)
- 작은 아빠 : "종현 엄마(작은 엄마), 밤이랑 대추 줘봐~ 깎아놔야겠네~ 우리 종현이 엄마만 한 사람이 없지~ 형님들 올라가면 당신네 집 가자."(하면서 작은 엄마네 댁에 가셔서도 가사 일을 거드시고, 평소에도 가게를 같이 운영하시며 일을 같이 하셔서 그런지 집안일도 분담하고 계시는 것으로 알고 있습니다.)

3) 문제의 맥락 이해하기 (1)

교사와 학생들은 대화를 통해 이 문제와 관련한 갈등이나 대립되는 생각들은 없는지 검토한다. 그런 생각들은 사람들을 어떻게 행동하게 만드는 지에 토의한다(학습자료 3 참조). 예를 들면, 아버지는 가사 분담 차원이 아니라, 경제활동이든 집안일이든 서로 적성에 맞고 잘 할 수 있는 사람이 해야 한다고 생각하신다. 따라서 아버지는 '나는 살림하는 남자!'라고 자신 있게 말하신다.

- 아빠는 가부장적인 집안에서 자라셨다는 게 가끔은 놀랍게 생각될 정도로 합리적인 분이십니다. 물론 가부장적인 생각이나 태도들을 갖고 계시기도 하지만, 오랜 사회생활과 말 안 듣는 자식들 셋을 키우시면서 많이 변하셨어요. 엄마가 일을 나가시고부터는 주말 청소나 아침 설거지는 말이 나오기 전에 자기 일로 여기고 규칙적으로 하십니다. 그래도 명절에 모이면 할아버지의 굳건한 분위기에 휩쓸려서인지 방에 들어가서 주무시거나 딴 일만 하세요.
- 할아버지는 가부장적 가족 사회의 가부장의 전형이십니다. 아마 손에 물을 묻혀보신 경험이 없으실 거 같아요. 그래서 가사에 대해선 호통과 검사만을 담당하십니다.
- 작은 아빠는 두 분 계신데, 두 분 다 작은 엄마들과 같이 가게를 운영하십니다. 가게에서 하루 종일 함께 일하시고, 더구나 한 분은 음식점을 하셔서 그런지 집안 내의 가사도, 집 밖의 일도 사회의 평균에 비해선 더 분담하시게 되지 않나 싶어요.

4) 문제의 맥락 이해하기 (2)

이를 통해 문제의 근원을 찾아보고, 현재에도 이와 같은 행동을 하게 하는 요인이 있는지 찾아본다.

- 문제의 근원 : 뿌리 깊은 통념이 깔려있는 것 같습니다. 그래도 '바깥일은 남자만'이라는 통념은 약해져가는 것 같아요. 둘 다 벌어야 살아갈 수 있을 만큼 물가는 높아져가고 벌 수 있는 사람은 모두 벌어야한다는 생각이 퍼져가는 것 같은데, '가사 일이 여자가 담당해야할 일'이라는 통념은 아직도 건재한 것 같아요. 남자가 가사 일을 해주긴 해도 도와준다는 생각이니, 내킬 때만 도와주고 그나마 도와줄 때 마다 생색을 낸다거나 하면, 여자 입장에서는 부담이 줄어들지가 않잖아요.

  그래서 '남자는 바깥일'이라는 남자들은 명절을, 오랜만에 가족을 만나서 얘기하고 놀 수 있는 '휴일'로만 여기게 되는 것 같구요.
- 현재에 이러한 행동을 하게 하는 요인 : 저희 집에선 엄마가 오랫동안 전업주부로 계셨던 게, 엄마가 거의 전적으로 가사 일을 하시게 된 이유인 것 같습니다. 또 중고등학교 때 공부라도 잘 하라고 저나 동생들에게 (식사 후에 밥그릇 옮기기, 물 다 먹으면 채워놓기, 자기 책상 청소 같은)자잘한 가사 일까지 면제해준 게 지금까지 이어져오는 것도 같고요.

그래서 명절에도 엄마가 거의 모든 준비를 담당하게 되는데, 가부장적인 분위기가 강했던 친가로 남자들이 모이게 되면, 체면이 있어서 그런지 평소 각자의 집에서 보다 그 현상이 더 심해지는 것 같아요.

5) 기대하는 목표 세우기

대화를 통해서 [학습자료 1]의 상황에서 어떤 관점이 기대하는 가치목표(인간생활의 질과 그의 정당성에 대한 가치)에 이르게 하는가를 결정한다. 여기서는 가족 어느 한 사람의 희생과 헌신에 의해서가 아닌, '가족구성원 모두가 더불어 행복할 수 있는' 관점에서 기대하는 가치목표를 세워본다.

B가 나왔는데, A로 가면 더 좋을 것 같아요. 명절에 여자만 일하는 게 당연한 것처럼 되어서 반발이나 싸움 없이 보내지만, 엄마는 힘들고 짜증나면서도 웃고 있잖아요. 모두가 같이 일하고, 준비하고, 같이 차례지내면 몸은 약간 귀찮을지도 모르겠지만, 결과적으론 더 즐거울 것 같아요. 여자들도 덜 힘들고 남자들도 같이하는 즐거움을 느낄 수 있잖아요.

6) 바람직한 대안 탐색하기

문제의 배경이 되는 생각과 그에 기초해서 행동할 때에 어떤 문제가 일어날 수 있는지 검토한 후 대안이 무엇인지 알아낸다. 또한 변화를 꾀할 수 있는 전략을 찾아보고, 각각의 전략으로 행동할 때 생길 수 있는 결과를 미리 생각해 본다. 이를 기초로 가장 도덕적으로 정당한 전략을 선택한다.

- 대안 1 : 명절일 리스트를 작성하고, 서로 자기가 한 항목에 대해 체크해 본다.(리스트를 모두가 자주 다니는 냉장고문 같은 곳에 붙여놓을 수 있으면 더 좋다.)
  → 결과 예측: 여자들이 혼자 얼마나 많은 일들을 하고 있는지를 리스트에서

눈으로 확인할 수 있으므로 여자들의 부담을 명확하게 알 수 있게 될 것 같고, 가사 일을 하고난 후 체크하게 되면 체크할 때의 성취감이 있기 때문에, 너무 안하면 부끄러워서라도 참여하게 될 것 같다.

- 대안 2 : 도와달라고 부탁하고, 남자들이 조금이라도 도와줬을 때는 못해도 잘했다고, 잘하면 더 잘했다고 칭찬한다. 고마움을 표시한다.
  → 결과 예측: 자꾸 칭찬해주면 정말 잘하는지 알고 기분이 좋아서 해주게 될 것 같다. 사실은 엄청 못하더라도 자꾸 하다보면 늘지 않을까…? ㅎㅎ
- 대안 3 : 남자들이 같이 할 때까지 일을 안 한다.
  → 결과 예측: 남자들이 끝까지 도와주지 않으면 명절 준비 자체가 안 될 가능성이 있고, 소통 없이 배 째라는 식의 일방적인 행동은 그저 여자들이 의무를 다하지 않는 것으로 비춰져 여자들의 입지를 더 좁히고, 모두를 불편하게 하고, 큰 갈등으로 번질 수도 있을 것 같다.
- 대안 4 : 여자들이 명절에 힘들다는 것과, 모두의 명절이니 일도 함께 해야 한다는 것을 대화로 이해시키고 도와줄 것을 요청한다.
  → 결과 예측: 무의식 깊은 곳까지 뿌리내려있는 통념이 설득과 대화로 쉽게 바뀔 수 있을지 의문이다. 그러나 동의를 얻게 된다면 장기적으로는 가장 편하게 될 수 있는 전략 같다.
- 도덕적으로 가장 바람직한 선택: 단기적으로는 대안2를 선택하고, 장기적으로는 대안4를 선택한다.

7) 행동의 결과 고려하기

어떻게 이 전략을 실천에 옮길 수 있는지 토의하고 실천을 위한 계획이나 프로젝트 등을 수행한다.

대안 2는 행동으로 옮기기가 비교적 쉬울 것 같다. 대안1이 효과는 좋을 것 같지만 명절 일을 남녀가 같이 해야 한다는 합의가 이루어진 상황이 아니라면 처음 도입하기가 어려울 것 같고, 평소에 각자의 집에서는 해볼 수 있겠지만 다 같이 모였을 때 하려면 한국적 정서에서는 조금 어려움이 있을 것 같다.

작고 쉬운 일부터 자꾸 남자들에게 부탁해보고, 해주면 고맙고 큰 힘이 되었다는 걸 표시하고 자꾸 칭찬해준다.

● 학습자료 1 : 우는 명절? 웃는 명절!

한국인의 최대 명절인 추석. '더도 말고 덜도 말고 한가위만 같아라' 혹은 '넉넉한 한가위'란 옛말의 깊은 의미나 정취와는 상관없이 여자들에겐, 특히 결혼한 여자들에겐 추석 같은 명절은 괴로운 날이다. 이들의 이야기를 들어보자.

[우 이야기]
"음식준비는 며느리, 차례는 남자들만!! 추석명절에는 아주 철저한 분업(?)이 이루어지더군요."

"조상의 차례를 지내는데 정성을 들여야 할 음식은 성씨가 다른 며느리(남의 자손)들이 모두 준비하고, 정작 절이나 음복, 성묘할 때는 같은 성씨의 아들들이 해요."

"차라리 명절 근처에 몸살이라도 나면 좋겠다는 생각도 들어요."

"친정부모는 1월 2일이 설날이고 8월 16일이 추석이라고 아예 그렇게 생각하신대요."

결국 '명절증후군'이란 한국 사회의 특이한 병명까지 등장하였는데…

최근에는 명절은 여자뿐만 아니라 남자들에게도 괴롭기는 마찬가지다. 도대체 이들에게 무슨 일이 벌어진 걸까?

자료 : 웃어라 명절 smile.womenlink.or.kr

● 학습자료 2 : 우리 가족, 얼마나 평등한가!

자료 : 충남중등가정교육연구회(2002).

● 학습자료 3 : KBS 인간극장 <살림하는 남자>

'나는 살림하는 남자!'라고 자신 있게 말하는 남자가 있다. 아내는 직장에 다니고, 남편은 육아와 가사를 전담한다. 밤에 아내와 누워 있어도 '내일 아침 아내의 출근길에는 무슨 국을 끓일까' 머릿속으로 냉장고 속을 점검하고 있다는 이 남자. 반상회에 나가면 동네 아줌마들과 수다 떠는 것이 가장 즐거운 이 남자. 직장에 나가는 아내, 살림하는 남자- 세상이 변하고 있다.

- 남편 김전한씨(40)- 주부 겸 시나리오 작가/ 일주일에 한번 대학 강의
- 부인 정경희씨(36)- 숙명여대 홍보실 근무/ 살림하는 남편을 위해서 일요일에는 대신 아이를 봐준다.
- 아들 영동(4)- 친구네는 왜 아빠가 아닌 엄마가 집에 있는지 의아해 한다.
- 아들 재동(1)- 외출을 할 때는 아빠가 기저귀 가방과 우유병을 챙긴다.

남자가 살림을 하는 것이 이상한 시대는 아니다. 그렇다고 해도 김전한씨의 '살림예찬론'은 진일보한 느낌을 준다. 이제는 가사 분담 차원이 아니라, 경제활동이든 집안일이든 서로 적성에 맞고 잘 할 수 있는 사람이 해야 한다는 것. 그게 경제성과 생산성을 높이는 일이라는 것이다. 아내는 음식을 해도 자신보다 간을 못 맞추고, 살림을 해도 늘 피곤해 한다. 그러나 자신은 어려서부터 살림에 취미가 많았고 하면 할수록 재미도 있다. 그러니 어찌 '전업주부'의 일을 놓을 수 있겠는가.

또 부부는 집안일에 공동의 책임과 권리가 있다는 의미로 세대주와 집, 자동차의 명의를 부인 앞으로 했다. 사실 김전한씨는 남녀유별의 법도가 엄격한 안동출신이다. 그러나 부친 역시 집안 살림을 도맡다시피 했다. 남자가 살림하는 걸 자연스럽게 배워온 셈이다.

요즘 김전한씨는 처가의 동서들에게 집안 살림을 해보라고 적극 권유하는 중이다. 그가 주장하는 '남자가 살림과 육아를 하면 좋은 것' 네 가지.

첫째, 살림과 육아는 엄청난 에너지와 노동이 필요하다. 체력이 더 좋은 남자가 하는 것이 한결 더 능률적이고 생산적이다.

둘째, 남자들은 성 특성상 여자에 비해서 자잘한 우울증이나 신경질이 덜하다. 일관성을 갖고 안정된 심리로 집안 식구, 특히 아이들을 대할 수 있다.

셋째, 보다 큰 스케일, 멀리 내다보는 안목이 있는 살림과 육아를 할 수 있다. 자질구레한 집안일에 애쓰면서 여자들이 잃어버리는 것을 생각해보라!

넷째, 가장 중요한 것. 아내가 행복해 한다. 사랑하는 아내 혼자에게 직장과 살림, 육아라는 삼중고를 안겨줄 수는 없다. 아내는 기계가 아니다!

제2장

실천적 문제 중심 수업 개발 및 실행

여기서는 실천적 문제 중심 수업 개발 단계 — ① 수업 관점 취하기, ② 실천적 문제 개발하기, ③ 실천적 문제 중심 수업 설계하기 — 에 따라 수업을 개발 · 실행해가는 과정을 소개한다.

01 | 수업의 관점 취하기

본 수업 개발자는 비판적 관점의 철학을 가지고 수업을 설계한다. 따라서 학습자들이 긍정적인 사회적 결과 도출을 위해 의사결정 능력과 고등사고 능력을 계발하도록 도우려고 한다.

02 실천적 문제 개발

소비생활 단원으로부터 실천적 문제를 추출하기 위해 2007년 개정 교육과정과 교육과정 해설서를 분석한 결과, 중학교 7학년 소비생활 단원에서 지향하는 관점은 '바람직한 소비생활 실천'이며, 이는 지속가능한 삶을 고려한 소비생활임을 해설서를 통해 알 수 있다. 따라서 이 단원의 실천적 문제는 '지속 가능한 소비를 위해서 우리는 무엇을 해야 하는가'가 추출될 수 있다. 또한 추출된 실천적 문제를 해결해 하기 위해 필요한 내용요소를 교육과정 및 교육과정 해설서(표 3.1 참조)로부터 '청소년기의 소비 특성', '청소년 소비자의 의미와 역할', '소비자 정보의 활용', '구매 의사결정', '소비자 주권'이라는 사실지식 개념을 추출할 수 있다. 그러나 지속가능한 소비와 관련해서 청소년들이 어떤 행동을 해야 하는가라는 실천적 문제를 실천적 추론 과정을 통해서 해결하려면 지속가능한 소비의 특성, 지속가능한 소비를 저해하는 개인적, 사회 문화적 맥락 등의 내용 요소가 더 포함되어야 함을 알 수 있다.

다음은 2007년 개정 교육과정 기술 · 가정 교과 10학년의 소비와 관련 단원에서는 '공공복지를 생각하는 소비문화와 지속가능한 소비문화 구축을 위한 소비생활을 하려면 어떤 노력과 행동이 필요한지 구체적인 방안을 찾고 실천할 수 있도록 한다.'고 본 단원의 지향점이 제시되고 있다. 따라서 〈표 3.2〉의 내용에서는 '지속가능한 소비문화 형성을 위해 우리는 무엇을 해야 하는가'라는 실천적 문제가 추출될 수 있다. 또한 추출된 실천적 문제를 해결하는 데 필요한 내용들이 우리나라 소비생활 문화의 특징, 현대 대중소비사회에서의 소비변화, 건전한 소비문화를 저해하는 요소(체면 중시의 소비, 과시소비, 유행추구의 소비 등), 공동체를 위한 소비자 책임, 소비 윤리, 이러한 소비생활 문화가 형성된 사회적, 경제적 문화적 배경, 세계 다른 나라의 소비문화 사례 등이 추출될 수 있다.

〈표 3.1〉 7학년 소비생활 교육내용

〈7학년〉 (2) 청소년의 생활 (다) 청소년의 소비생활	
교육 과정	(다) 청소년기의 소비 특성을 이해하여 자신의 소비 생활을 평가하고 바람직한 소비 생활을 실천한다.
교육 과정 해설서	청소년기는 부모로부터 독립된 소비 행동이 증가하고, 또래 집단과 대중 매체의 영향력이 크며, 가치관의 혼란 등으로 충동적이고, 비합리적인 소비 행동을 보이는 등 다양한 특징이 있다. 따라서 청소년 소비자의 의미와 역할, 소비자 정보의 활용, 구매 의사결정, 소비자 주권과 관련된 내용을 포괄적으로 다루도록 하고 이 시기의 소비 행동은 성인기까지 영향을 미치므로 건전한 소비생활 가치관을 형성하도록 한다. 즉, 자신의 가치에 입각하여 스스로 소비 결정하는 주체적 소비자, 소비자 정보의 중요성을 알고, 이를 의사결정에 적절히 활용하는 정보화된 소비자, 자신의 소비가 사회 및 자연 환경에 미칠 영향을 고려하는 책임 있는 소비자로서의 역할을 수행할 수 있도록 한다. 이를 위해 소비생활 관련 주제를 통합적으로 구성하여 역할 놀이, 소규모 토론 활동, 실천적 추론, 다양한 사례를 통한 소비자 문제의 해결 방법 등을 다루도록 함으로써 실제 생활로의 전이가 가능하도록 하고, 지속 가능한 삶을 고려하는 성숙한 소비생활의 기본 소양을 기르도록 한다.

* 밑줄은 실천적 문제와 관련 개념 등을 추출하기 위해 저자가 붙임.

〈표 3.2〉 10학년 소비생활 교육내용

〈10학년〉 (2) 가정생활 문화 (가) 가족 · 소비생활	
교육 과정	(가) 우리나라 가족 · 소비 생활의 변화를 이해하고 세계 여러 나라와의 비교를 통해 다양한 생활 문화를 이해하며 직접 체험함으로써 바람직한 가족 · 소비 생활 문화를 창조한다.
교육 과정 해설서	– (앞 단락은 가족생활 내용으로 생략) – 우리나라는 빈곤했던 농경문화 시절부터 유비쿼터스 사회로 가는 현재에 이르기까지 급속한 경제 성장을 하였고 이에 따라 소비 생활 문화도 많은 변화를 겪고 있다. 이에 과거의 우리나라 소비생활 문화의 특징과 현대 대중소비사회에서의 소비변화 비교를 통하여 건전한 소비문화를 저

교육 과정 해설서	해하는 요소와 공동체를 위한 소비자 책임과 소비 윤리의 내용이 포함되도록 한다. 그리고 이러한 소비생활 문화가 형성된 사회적, 경제적, 문화적인 배경과 세계 다른 나라의 소비생활 문화 사례에 대한 내용도 포함되도록 한다. 또 공공복지를 생각하는 소비문화와 지속가능한 소비문화 구축을 위한 소비생활을 하려면 어떤 노력과 행동이 필요한지 구체적인 방안을 찾고 실천할 수 있도록 한다.

* 밑줄은 실천적 문제와 관련 개념 등을 추출하기 위해 저자가 붙임.

03 실천적 문제 중심 수업 실행하기

1. 예시 1 : 7학년 소비 단원의 실천적 문제 예시 지속가능한 소비를 위해 우리는 무엇을 해야 하는가?
2. 예시 2 : 10학년 소비생활 문화 단원의 실천적 문제 예시 지속가능한 소비문화 형성을 위해 우리는 무엇을 해야 하는가?

1 문제 규명하기

'지속가능한 소비'가 무엇인가? 개념적 질문을 통해 '지속가능한 소비'의 정의를 학생들과 함께 찾을 수 있도록 개념획득 과정을 이용한다.

(1) 지속가능한 소비의 속성과 특성에는 어떤 것이 있을까?

(2) 특성들의 리스트 중에 '본질적인 특성'은 무엇이고 '비본질적인 특성'은 무엇일까?

(3) 본질적인 특성들을 모두 가지고 있는지, 아닌지에 기반 하여 아래의 예들이 지속가능한 소비의 보기가 될 수 있는지 없는지 체크한다

(될 수 있으면 O, 없으면 X)

- 재활용
- 재활용품으로 만든 제품 소비
- 리폼
- 늘 꼽아놓는 콘센트
- 에너지 효율화 제품 사용
- 분리배출
- 친환경 제품 구매
- 에너지효율이 낮은 제품 구매
- 분리수거 등
- 재사용
- 과하고 예쁜 포장
- 중고시장 이용
- 기증
- 절수제품 사용
- 일회용품 사용
- 교환
- 에코라벨 부착 제품 구매

● 참고자료 : 다른 나라의 예

[일본] 친환경, 저탄소제품(저연료 자동차, 탄소 경영, 청정에너지 사업 등)
- 저연료 자동차 : 하이브리드카와 전기자동차의 높은 생산율. 여기서 하이브리드카란 기존의 일반차량에 비해 유해가스 배출량이 획기적으로 적은 차세대 환경자동차를 말한다.
- 청정에너지사업 : 석유를 대체할 풍력, 태양열 에너지 등 청정에너지 사업에 박차를 가하고 있다.
- 탄소 경영 : 에너지 절감을 강조하는 탄소경영. 탄소경영이란 자원을 적게 사용하면서 얼마나 효율적으로 이익을 내는지를 보여주는 새로운 경영지표이다.

[독일] 친환경주택
- 일찍부터 환경주택에 많은 관심
- 가정에서 소비되는 에너지를 줄이는데 주력
- 대체에너지에 대한 계속된 실험
- 특수 단열재 사용, 친환경 재료 사용
- 자연과의 조화
- 자발적이고 적극적인 국민들의 참여

(4) 본질적인 특성들을 통합함으로써 지속가능한 소비의 정의를 만들어 본다

지속가능한 소비란 '미래에 사용할 수 있는 자원을 남겨 두고 현재의 소비 욕구를 충족시키는' 소비이다.

> [참고] 지속가능한 개발이라는 국제환경주의 이념을 소비자행동 측면에서 재규정한 것으로써 소비자가 지구환경보전의 책임을 지고 지속가능한 소비패턴을 통해 스스로의 삶의 형태를 변화시킬 권리와 의무를 갖는다는 것으로 요약할 수 있습니다. 즉 소비자는 자신의 삶의 형태에서 환경에 해를 끼치는 소비를 가능한 줄이고 환경문제의 지식을 기초로 한 구매결정과 소비선택을 적극 지향해야 한다는 것이다.

(5) 아래 사례 1, 2는 문제가 무엇인가?

실천적 문제 시나리오(사례 1, 사례 2)를 통해 실천적 문제 도출: 지속 가능한 소비문화 형성을 위해 우리는 무엇을 해야 하는가?

● 사례 1

> A씨는 고3과 중3의 남매를 키우는 평범한 주부이며, 강남의 중산층 계층이다. 생활비는 가급적 알뜰하게 지출하고 저축하려고 한다. 씀씀이가 큰 편도 아니고 남편의 월급에서 비교적 많이 지출하고 있는 부분이라면 한 자녀당 3~4개의 개인과외지도를 하는 사교육비와 가끔씩 아이들이나 남편, 본인에게 좋은 옷과 구도, 가방, 핸드백 등을 지출하는 정도이다.
>
> 남편이나 본인 그리고 장녀는 소박하면서도 가끔은 넉넉한 소비를 즐기는 정도의 지출에 만족한다. 그러나 중3의 아들은 과도한 소비욕구를 나타내 힘들게 한다. 가령, 유명브랜드의 신발을 종류별로 사고도 신상품이 나올 때마다 사달라고 조른다거나, 명품을 사기 위해 학교후배들에게 돈을 뺏다가 경찰서에서 조사를 받기도 했으며, 끊임없이 명품 브랜드의 옷을 고집한다. 요구하는 대로 돈을 지출할 수도 없지만, 도대체 무엇 때문에 그렇게 브랜드만 고집하고 일탈행동도 서슴지 않는 것인지 부모는 도저히 이해하기 힘들다. 또한 명품 브랜드에만 관심을 보이고 집착하다보니 공부는 당연히 소홀해지고, 성적은 떨어지며, 같은 관심과 취미를 가진 친구들끼리 명품에 관한 이야기를 하는데 시간을 소비한다.

● 사례 2

파티준비는 미란다가 없는 동안에는 계속되었고, 그녀가 돌아오자 맹렬하게 가속도가 붙었다. 뜻밖에도 비상사태는 거의 일어나지 않았다. 모든 일이 차근차근 진행되어, 이번 주 금요일에 무사 파티가 열릴 예정이었다. 미란다가 유럽에 있을 때, 샤넬에서 딱 한 벌뿐이라는 빨간 비즈로 장식한 긴 시스 드레스를 보내왔다. 그것과 비슷한 검정색 샤넬 드레스를 지난 달 W지에서 봤다고 에밀리에게 얘기하자 그녀는 엄숙하게 고개를 끄덕였다.

"4만 달러"

그녀는 고개를 계속 끄덕이며 말하더니 '스타일닷컴(style.com)'에 들어가 검은 정장 바지를 더블 클릭했다. 곧 미란다와 함께 가게 될 유럽 출장 때문에 몇 달 동안은 들락거린 사이트였다.

"뭐라고요? 4만…?"

"그 드레스. 샤넬에서 보낸 빨간 드레스 말이야. 매장에서 사려면 4만 달러라니까. 물론 미란다는 그 가격을 다 내진 않지. 그렇다고 완전히 공짜로 얻는 건 아니지만. 정말 끝내주지?"

"4만 달러요?"

나는 방금 전에 그렇게 비싼 옷을 손에 들고 있었다는 게 믿어지지 않아 다시 한 번 물었다. 그리고 4만 달러를 다른 곳에 대입해 보았다. 이년 치 대학 등록금, 새집 할부금, 4인 가족 기준 일년치 봉급. 아니, 멀리 갈 것도 없이 프라다 백을 수십 개는 살 수 있잖아. 그런데 드레스 한 벌이 그 가격이라고? 순간 이제 알 건 알았다는 생각이 들었다. 그 드레스가 우아한 글씨체로 '미즈 미란다 포리스틀리'라고 쓴 봉투와 함께 돌아왔을 때, 또 한 번 충격을 받았다. 두꺼운 크림색 종이에는 손으로 이렇게 쓰여 있었다.

- 의류 타입 : 이브닝 가운, 디자이너: 샤넬, 길이: 발목, 색상: 빨강, 치수: 0
- 세부 사항 : 수제 비즈 장식, 약간 둥글게 파인 목선에 민소매, 옆 지퍼는 감춰져 있음, 두꺼운 실크 안단
- 서비스 : 기본
- 드라이크리닝 1회 요금 : 670$

원 청구서 밑에 주인의 메모가 있었다. 엘리아스는 미란다가 중독수준으로 맡기는 엄청난 양의 드라이클리닝 비용을 지불하고 있었다. 이 세탁소 주인은 엘리아스가 지불하는 돈으로 가게세는 물론 집세까지 낼 수 있을 것이었다.

이렇게 우아하고 멋진 가운을 세탁하게 되어 영광으로 생각합니다. 귀하께서 메트로폴리탄 미술관 파티에서 기쁜 마음으로 이 옷을 입으시길 바랍니다. 명시된 바와 같이 저희는 5월 24일 월요일 파티 후 세탁을 위해 이 가운을 가져가고자 합니다. 추가 서비스가 필요하시면 언제라도 연락 주십시오.

최고의 서비스를 약속드리며, 콜레트

– 로렌 와이스버거, 『악마는 프라다를 입니다』

2 추론하기

1) 단계 1

목표나 바람직한 상태에 대해 명확히 하기 위한 추론 단계이다. 우리가 바람직하다고 생각하는 상태의 소비는 토의의 결과 지속가능한 소비였다. 우리가 목표로 해야 할 바람직한 상태인, 지속가능한 소비란 무엇인가? 다시 한 번 되새겨본다.

2) 단계 2

특정 문제에 대한 맥락 이해를 위해 추론 단계이다. 명품소비가 왜 지속가능한 소비를 하는데 문제가 되는가에 대해 성찰해 본다.

(1) 명품이란 무엇일까?

Tip : 명품의 개념이 장인정신이 깃든 예술작품에서 사치품으로 그 개념이 변해왔음을 기사를 통해 질문한다.

① 60~70년대에 명품은 무엇을 의미했을까?

② 오늘날 명품은 무엇을 의미하고 있을까?

- 게재일 : 1968년 04월 23일 〈중앙일보 5면〉
- 제목 : 거북등에 학 모양 은촛대
- 기사내용 : 최근 경북 의성군 등운산 소재 고운사에서 거북과 학 형상으로 이루어진 옛 은공예의 '명품'이 하나 세상에 알려졌다. 그것은 고운사 봉준정에 보존돼오는 촛대다.

- 게재일 : 1976년 01월 09일 〈중앙일보 4면〉
- 제목 : 이조 목공가구 '명품'전
- 기사내용 : 신세계미술관의 이조 목공 가구전은 6년째 거듭되는 이름난 기획전. 우리나라의 재래 목공가구가 지닌 아름다움과 쓸모에 대해 올바르게 평가하고 또 날로 늘어가는 애호가들의 면목에 길잡이가 되고자 마련한 행사다.

- 게재일 : 1995년 04월 〈중앙일보〉
- 제목 : 명품이야기
- 기사내용 : 샤넬, 루이뷔통, 필립스, 발리, 바셰론 콘스탄틴, 에르메스, 스와로브스키, 조니 워커 등의 제품을 소개하고 있다.

(2) 명품소비의 원인 탐구

다음은 여고생부터 중산층 직장인, 상류층 주부까지, 그들이 말하는 "나는 이래서 명품을 소비한다."에 관한 인터뷰이다(김난도, 2007). 다음을 읽고 사람들은 왜 명품을 사고 있는지 그 이유를 찾아본다. 그리고 그 이유들을 비슷한 것끼리 분류한다.

대체로 4가지 정도로 분류될 수 있다.
- 유행이니까 따돌리고 뒤쳐질까봐, 무시당할까봐
- 명품으로 변신! 나를 꾸며주고 빛나게 해준다, 내 마음에 주는 만족감
- 상류층이 된 기분, 부유함을 과시
- 비싼 돈을 주고 구입할 만한 품질 등의 가치가 있음

① "아무래도 소수만이 즐길 수 있는 상품이잖아요. 내가 가짐으로써 어떤 자신감도 품위도 있어 보이는 것 같고…, 그런 게 있는 것 같아요."

상류층 30대 기혼 직장인 남성

② "나는 수입차 몰고 싶다니까. 내가 에쿠스 몰아봤는데, 진짜 그거 탈 바에야 렉서스 사고 싶고, 나는 그래. 그걸 뭐라고 표현하면 좋을까? 확실히 뭐가 틀려도 틀려요. 디자인 자체도 틀리고…"

중상류층 40대 전업주부

③ "집안이 아주 부유하고 이런 친구가 하나 있는데,,, 그 친구가 베르사체 남방하고 바지하고 입고 나왔는데 참 멋지더라고요. '그거 참 좋더라'고 말하니까 그 친구가 나한테 선물해줬어요. 근데 그걸 입어보니깐, 옷도 진짜 입어서 편하지만, 사람들이 나를 대해주는 것 자체가 많이 틀려져. 내 마음에도 틀려지는 것 같더라고. 그래서 그 다음부터는 명품을 많이 좋아하게 됐어요."

④ "특히 강남 쪽에서는… 주위 환경이 중요하다는 생각이 들어요. 주위에서 자꾸 보고, 사람들이 다 들고 다니면 나도 좀 들어야 할 것 같고, 안 되는 나는 촌스럽고 없어 보일 것 같고… 그런 생각이 들 것 같아요." 중산층 30대 전업주부

⑤ "그리고 애들 유치원 모임이 있어서 가보면 내가 명품 산건 아무 것도 아니라는 걸 보게 되니까, 또 너무 속상해서 사게 되죠."

⑥ "나는 상류층으로 살고 싶은데, 상류층 하라도 좀 들어가고 싶은데, 나는 내 목적은 아이파크를 사서 살고 싶은데 그게 안 돼. 나는 그런 사람이라고. 그래서 명품도 쓰고 하는 거지."

⑦ "특별한 모임이나 다른 사람들을 만난다 이러면 조금이라도 명품을 가져가게 돼요. 그게 또 있음으로 해서 나갈 때 당당함을 줘요. 자기 스스로를 당당하게 만들어요. 꼭 갑옷 같은… 혹시 없으면 날 무시할 수도 있겠다, 이런 생각을 하게 되는 것 같아요." 중산층 20대 미혼여성

⑧ "한번 사놓으면 10년, 7~8년, 티 하나 가지고도 5~6년 입는데, 몇만 원짜리 사서 입고 금방 버리느니 한번 살 때 4,50만 짜리 좋은 것 사서 한 10년 입으면 그게 더 효과적이지 않느냐 말이지. 무조건 명품이라고 해서 사다가 집에다 쌓아놓고 그런다 생각하면 그렇지만 난 필요한 거 딱 사서 입는 게 더 경제적이라고 생각해."

⑨ 명품소비자는 다른 사람들보다 튄다, 이제 앞서나간다… 또 그럴 때 명품을 입거나 들고 다니면, 상대방이 나를 좀 더 나를 알아주지 않겠

나… 그런 생각을 하죠. 상류층 40대 기혼 직장인 남성

⑩ "과시욕이죠. 그걸 신분상승이라고 생각하잖아요, 심지어…"

중산층 40대 전업주부

⑪ "나도 하나 가지고 싶다, 솔직히 그런 마음으로 사 가지고 왔어요. 이거 하나 꼭 하고 나가면 내가 빛나 보일텐데… 이런 마음으로 사게 되는 게 아닐까요?"

⑫ "영어로 대답해도 되나요? 'I deserve it'(저는 그럴 자격이 있어요)이라고나 할까요." 20대 여대생

⑬ "근데, 음… 동일시하는 것 같아요, 자신하고. 스스로는… '나는 명품밖에 안 써. 내가 명품이니까.' 약간 그런 것 같아요. 최고를 써야겠다, 이런 마음인 것 같아요."

⑭ "고등학교 1학년이 되었는데 애들이 버버리 목도리를 하고 다니는 거예요. 그때 그게 뭐 2,30만 원 한다는 거예요. 그게 너무 충격 이었어요. 그래서 저도 꿀리지 않으려고 샀어요." 10대 고등학생

- 위의 사례들은 비슷한 유형끼리 그룹으로 분류해보자.
- 그룹들에 이름을 붙인다면? 아래 표를 따라 빈칸을 채우라.

분류(번호로 기재)	네이밍(이름)
예) ②, ⑧	비싼 돈을 주고 구입할 만한 질적 가치가 있다고 생각해서 명품을 구입하는 사람들

(3) 지속가능한 소비란 미래에 사용할 수 있는 자원을 남겨 두고 현재의 소비 욕구를 충족시키는 소비이다. 그러므로 위와 같은 이유들로 내가 명품을 샀을 경우 그것이 지속가능한 소비일지 아래의 질문들에 답해 본다.

① 나는 왜 이 상품을 원하는가?

기능 때문인가, 디자인 때문인가, 상표 때문인가, 유행 때문인가, 혹은 누군가도 이것을 가졌기 때문인가? 이 브랜드가 붙어있지 않아도 나는 이것을 구매할 것인가?

② 이 상품의 가격은 합리적인가?

나의 소득을 고려할 때 적절한 선택인가? 이 물건의 품질과 내구성을 고려할 때 적절한 선택인가? 동종의 국산품과 비교했을 때 적절한 선택인가?

③ 이 상품을 어떻게 사용할 것인가?

얼마나 자주 그리고 오랫동안 이 상품을 사용할 수 있는가? 관리하고 유지하기 위해 다른 비용이 들지는 않는가? 혹시 이것에 맞추기 위해 다른 물건을 추가로 구입해야하지 않는가? 유행주기나 신제품 출시주기 등을 고려할 때 곧 낡은 물건이 될 가능성은 없는가?

④ 이 상품이 현재의 나를 행복하게 할 것인가?

이 상품을 살 돈으로 다른 일을 했을 때 더 행복하지 않겠는가? 이 상품의 구매가 친구나 가족에게 당당한가? 혹시 더 싸게 샀다고 주위 사람에게 가격을 속여야 하지는 않는가?

(4) 명품소비의 문제점 탐구

명품소비가 지속가능한 소비인지에 대해 위에서 내린 결론과, 아래의 내용을 더 참고하여 명품소비의 문제점에 대해서 얘기해 본다.

[참고 1]『어플루엔자』라는 책의 저자는 사치의 원인은 다를 수 있지만, 그 결과는 하나의 현상으로 수렴된다고 말한다. 차츰 사치에 중독되어 간다는 것이다. 이 책의 저자는 현대인들이 소비라는 바이러스에 감염돼 사치에 중독되었다고 진단한다. 우리나라에도 많은 소비자들이 사치품에 '중독'되어가고 있다고 보인다. 녹색연합과 국민대학교의 조사에 의하면 대학생 2명 중 1명(55%)은 무의식적으로 소비하는 것으로 나타났다. 조사대상의 35.8%는 '뭔가 소비할 것이 없으면 따분하다'고 대답했다. 쇼핑중독이 심각해져간다는 사실을 보여주는 예이다.

"마약 같아요. 처음에는 중간급을 사면, 만족하고 살았는데… 그 다음에 더 좋은 것을 사면 중간급을 못 사겠더라고요."

[참고 2] 디드로 효과라는 것이 있습니다. 프랑스의 디드로라는 수필가가 실내복을 새로 사게 되었답니다. 얼마 되지 않아 이 예쁜 실내복에 전혀 어울리지 않는 책상에 불만을 가지게 되었소, 결국 새 책상으로 바꾸고야 말았다는 것입니다. 같은 이유로 벽걸이, 의자, 판화, 책 선반까지 새로 구입하고, 종국에는 서재 전체를 바꾸어 그 분위기를 맞추게 됐다고 합니다. 이처럼 작은 물건 하나 때문에 소비가 이어지는 것을 디드로 효과라고 부릅니다.

"음…'내가 명품을 하나만 사고 안 사겠다' 이게 안 되니까…그게 꼬리에 꼬리를 물고… 이제 좀 작은 거, 이런 식이라서…"

이와 같은 명품소비의 실태가 지속되었을 때 개인, 가정, 사회에 장기적으로 미칠 영향을 분석해 본다.

- 개인과 가정 :

- 사회 :

(5) 명품소비, 사치소비는 지속가능한 소비를 하지 못하는 개인들만의 문제인가? 이러한 소비열풍에 대해 사회는 책임은 없을까?

- '대한민국 상위 1%만 타는 자동차'라는 TV광고
- 세계 최고급 수준의 값비싼 물건들만 진열되어 있는 백화점1층
- 상위 3%만 들어갈 수 있는 명품관 안의 명품관과 차별화된 VIP서비스
- '드라마를 보면 언제나 상류사회뿐이고, CF를 보면 항상 행복한 사람들뿐'이라는 015B의 노래
- 명품특집 기사가 종종 게재되는 신문, luxury라는 이름의 잡지

① 위의 대중문화들을 보았을 때, 명품소비, 사치소비에 영향을 미치는 사회적 요소는 무엇인가?

② 지속가능한 소비선택을 하기 위해서는 어떤 요소를 고려해야 하는가?

3) 단계 3

목표에 달성하기 위한 가능한 수단이나 전략에 대한 추론단계이다. 우리는 지속가능한 소비를 할 수 없게 사치를 권하는 사회적 환경을 개선하기 위하여, 무엇을 할 수 있을까? 이러한 문제를 해결하기 위한 최선의 대안들을 제안해 본다.

- PPL'products in placement/영화나 드라마의 소품으로 등장하는 상품'이 심한 드라마의 게시판에 항의성 글을 올리기,
- 소비자시민연대 등을 통해 소비자운동에 참여해보기 등

4) 단계 4

대안적 행동의 결과에 대한 추론 단계이다. 각 대안들에 따라 행동하였을 경우 예상되는 결과는 무엇인가?

대 안	단기적 결과	장기적 결과
개인/가정 내의 결과		
사회적인 결과		

5) 단계 5

행동에 대한 판단을 내리기 위한 추론 단계이다.

① 어느 대안이 지속가능한 소비(가치 목표)를 위한 최선의 대안인가?

- 어느 대안이 예상되는 결과들로 미루어 보았을 때 최선의 대안인가?

- 최선의 대안을 선택하여, 실천에 옮긴다.

  예) 광고관련업체(http://www.tvcf.co.kr) 사이트와 참여마당을 소개하고 올해 방영된 광고를 시청한 후 점수매기기에 적극 참여하고 의견을 남긴다.

3 지속가능한 소비를 위한 나의 실천 각오

(1) 다음은 지속가능한 소비를 위한 설문지이다. 설문에 응답하며 나의 소비 생활을 점검해 본다

링크 : http://down.edunet4u.net/KEDLAA/06/B2/0/ERIS_BIZ_1B2006Ov84A. swf

(2) '거의 그렇지 않다'에 응답된 문항들을 중심으로, 내가 잘 보이는 곳에 꽂아두고 활용할 소비 지침서를 만들어 본다(명함 크기의 종이를 준비하여 학생들에게 나눠 준다)

● 나의 소비 지침서

구매하기 전에 이것만은 꼭!

지도안 개발 : 서울대 소비자아동학부 이은경

참고문헌

교육과학기술부(2008). 『2007년 개정 중학교 교육과정해설(3): 수학, 과학, 기술 · 가정』.

교육과학기술부(2011). 『실과(기술 · 가정) 교육과정』. 교육과학기술부 고시 제2011-361호 [별책 10].

교육인적자원부(2007a). 『실과(기술 · 가정) 교육과정』. 교육인적자원부 고시 제2007-79호 [별책 10].

______(2007b). 2007년 개정(교육인적자원부 고시 제2007-79호)에 따른 중학교 검정도서 편찬상의 유의점 및 인정기준.

구본용 · 김병석 · 임은미(1996). 『PC통신을 통한 청소년 정서교육 프로그램』. 청소년대화의 광장. pp. 11-20.

구본용 · 이명선 · 조은경(1994). 『청소년의 수험행동. 청소년상담문제연구보고서(6)』. 청소년대화의 광장. pp. 37-42.

김경미(1993). "우리나라 가정학 본질 규명에 관련된 근본 개념들에 관한 분석적 연구". 이화여자대학교 교육대학원 석사학위논문.

김기수(1997). "아리스토텔레스의 실천적 지혜와 교육의 실제". 『교육철학』 제17집. pp. 9-27.

김난도(2007). 『럭셔리코리아』. 미래의 창.

김남희(2004). "도덕적 프락시스에 있어서 덕과 서사의 위상에 관한 연구". 부산대학교 박사학위논문.

김대오(2004). "아리스토텔레스 윤리학에서 실천지의 역할". 『철학연구』 제65집, pp. 55-75.

김봉미(1991). "Gadamer 철학적 해석학에서 실천의 의미". 고려대학교 석사학위논문.

김영희(1996). "비판과학으로서의 가정학 개념의 재정립과 가정학교육의 방향". 『대한가정학회지』, 34(6), pp. 343-352.

김재현(1996). "하버마스 사상의 형성과 발전". 장춘익 외. 『하버마스의 사상, 주요 주제와 쟁점들』. 나남출판.

김지선(1996). "학업성적과 자아개념이 청소년 비행에 미치는 영향". 중앙대학교 교육대학원 석사학위논문.

김지원(2007). "중학교 기술 · 가정 교과 '식생활' 영역에 대한 실천문제 중심 수업의 개발, 적용 및 평가: 능력형성 중심 수업과의 비교를 통해". 서울대학교 석사학위논문.
김태길(1998). 『윤리학』. 박영사.
김태오(1989). "Habermas의 합리성과 그 교육에의 적용가능성". 『교육철학』 제7집, pp. 5-24.
______(1991). "Habermas의 Praxis 이론과 그 교육실천적 논의". 『교육철학』 제9집, pp. 151-168.
______(2006). "하버마스의 프락시스론과 교육실천". 『교육사상연구』 제20집, pp. 83-113.
김현주(2002). "가르치는 일의 의미: 아리스토텔레스의 '프락시스'를 바탕으로 한 가르침의 이론과 실제에 관한 철학적 연구". 강원대학교 박사학위논문.
류상희(2000). "가정과 교사의 교육과정 방향과 교수행동과의 관련성 연구". 『대한가정학회지』, 38(8), pp. 159-168.
박미정(2006). "가정과 교육의 미래 발전 전략 탐색: 정체성과 임파워먼트 및 비전을 중심으로". 한국교원대학교 박사학위논문.
박성호(1990). "Aristoteles의 윤리적 덕에 있어서 실천지의 역할". 『철학논집』 제6집, pp. 131-157.
박승찬(2002). "아리스토텔레스 학문체계에 대한 중세의 비판적 수용: 토마스 아퀴나스의 주해서를 중심으로". 한국학술진흥재단 연구보고서.
박전규(1985). 『아리스토텔레스의 실천적 지혜』. 서광사.
반성택(1997). "아리스토텔레스에서의 실천철학의 정초". 『인문과학연구』 제3집, 서경대학교 인문과학연구소, pp. 193-215.
배영미(1998a). "가정과 교육에서의 청소년문제 예방교육을 위한 기초 연구(I): 전화상담사례에 나타난 청소년 문제분석". 『한국가정과교육학회지』, 10(1). pp. 123-136.
______(1998b). "가정과 교육에서의 청소년문제 예방교육을 위한 기초 연구(II): 청소년관련 신문기사분석을 통해 본 청소년 문화". 『한국가정과교육학회지』, 10(2). pp. 131-144.
변현진(1999). "실천적 추론 가정과 수업이 비판적 사고력에 미치는 효과". 한국교원대학교 석사학위논문.
손병석(2000). "아리스토텔레스에 있어서 실천지의 적용단계". 『철학연구』 제48권, pp. 21-43.
신상옥 · 이수희(2001). 『가정과 교재연구 및 지도법』. 신광출판사.
오경선(2010). "실천적 생활 문제 중심 가정과 교육과정 내용 선정 및 조직: 2007년 개정 교육과정 성격 및 목표에 준하여". 서울대학교 석사학위논문.
유태명(1992). "가정과교육 방향의 재조명을 위한 가정학 철학 정립의 중대성". 『한국가정과교육학회 학술대회 자료집』. pp. 43-59.
유태명(1996). "새로운 가정학 패러다임 모색을 위학 기존 패러다임의 비판적 검토". 『대한가정학회 학술대회 자료집』, pp. 1-25.
_____(2003). "가정과 교육과정 구성을 위한 가정과의 성격, 내용구조, 가정과 교육을 통하여 갖추어야 할 소양에 대한 기초연구(I): 델파이 조사연구". 『대한가정학회지』, 41(10), pp. 149-171.
_____(2006a). "가정과 교육에서 '나와 가족생활' 영역의 교육목표와 내용체계연구". 『한국가정과교육학회지』, 18(2), pp. 77-95.
_____(2006b). "실천적 문제 중심 교육과정의 이해". 『한국가정과교육학회지』, 18(4), pp. 193-206.
_____(2007). "아리스토텔레스의 덕론에 기초한 가정과교육에서의 실천 개념 고찰을 위한 시론(I): 실천적 지혜(phronesis)와 다른 덕과의 관계에 대한 논의를 중심으로". 『한국가정과교육학회지』, 19(2), pp. 13-34.
유태명 · 이수희(2008). 실천적 문제 중심 가정과 교육과정 전문가 연수 교재.
유태명 · 이효순(2009). "실천적 추론 가정과 수업이 문제해결력에 미치는 효과". 『한국가정과교육학회』, 21(3), pp. 203-215.
유태명 · 장혜경 · 김주연 · 김항아 · 김효순(2004). "실천적 추론을 통한 가족 영역 수업". 『실천적 가정과 수업 I』. 신광출판사.
윤희조(2001). "아리스토텔레스의 행복에 대한 정의적 해석: 니코마코스 윤리학을 중심으로". 서울대학교 석사학위논문.
이경희(1987). "아리스토텔레스의 실천적 지혜에 관한 연구". 『호남대학교 학술논문집』. 8(1), pp. 141-160.
이민정(2010). "2007년 개정 교육과정 가정과 교과서에 반영된 Bloom의 신교육목표 분류체계 및 실천적 추론 과정 분석". 경상대학교 석사학위논문.
이수희(1999). "중등 가정과 교육과정 개발에 관한 연구". 중앙대학교 대학원 박사학위논문.
_____(2006). "실천문제 중심의 가정생활문화교육". 『한국가정과교육학회 학술대회 자료집』. pp. 105-129.
이연숙 외(2005). "교육과정 개정을 위한 가정교과의 대안적 모형". 『한국가정과교육학회 학술대회 자료집』. pp. 77-93.
이춘식 · 최유현 · 유태명(2001). 『실과(기술 · 가정) 교육목표 및 내용체계 연구 1』. 한국교육과정평가원.

_____(2002). 『실과(기술 · 가정) 교육목표 및 내용체계 연구 2』. 한국교육과정평가원.
이홍우(2006). 『지식의 구조와 교과』. 교육과학사.
이학주(1987). "실천의 의미와 교육". 『논문집』, 21(1), 인천교육대학교, pp. 343-365.
_____(1989). "실천적 행위의 교육적 의미: 마르크스와 듀이를 중심으로". 서울대학교 박사학위논문.
임의영(1996), "행동, 행위, 프락시스 개념의 행정윤리적 정향". 『한국행정학보』, 30(3), pp. 19-33.
장춘익 외(1996). 『하버마스의 사상, 주요 주제와 쟁점들』. 나남출판.
전재원(1993). "아리스토텔레스에 있어서 Phronesis와 Praxis". 경북대학교 박사학위논문.
전헌상(2005). "함[praxis]과 만듦[poiesis]". 『서양고전학연구』, 제23집, 한국서양고전학회, pp. 95-124.
정연주 · 이상봉(2006). "기술교과 내용을 보는 두 가지 관점: 이론적 지식과 실제적 지식". 『한국기술교육학회지』, 6(1), pp. 73-87.
채정현(1999). "실천적 추론 가정과 수업과 다른 요인이 한국 여고생들의 의사결정 능력에 미치는 영향". 『대한가정학회지』, 37(3), pp. 43-61.
_____(2002). "가정과교육의 새로운 정체성". 『전국가정과 교사 모임 자료집』, 봄호, pp. 157-171.
채정현 · 유태명 · 박미정 · 이지연(2003). "실천적 추론 가정과 수업이 중학생의 도덕성에 미치는 효과". 『대한가정학회지』, 41(12), pp. 53-68.
최명관 역(1984). 『니코마코스 윤리학』. 서광사.
최명선(1994). "대화의 교육적 의미: Gadamer의 해석학적 지식론의 경우". 숙명여자대학교 박사학위논문.
편상범(1999). "아리스토텔레스 윤리학에서 실천적 인식의 문제". 고려대학교 박사학위논문.
하기락 역(1998). 『윤리학』. 형설출판사.
허숙 역(1999). 『교육과정과 목적』. 교육과학사.
文部科学省(2008). 『中学校学習指導要領解説 技術 · 家庭編』.

American Home Economics Association(1989). *Home Economics concepts: A base for curriculum development*. VA: American Home Economics Association.
American Home Economics Association and et al.(1993). Positioning the pro-

fession for the 21st century. Scottsdale Meeting. Scottsdale, AZ.
Arent, H.(1959). ***The human condition***. New York: Doubleday Anchor.
ASCD(2001). Family and consumer sciences. Alexandria, Virginia: The author.
Aristotle. Nicomachean Ethics. 최명관(역)(1984). 니코마코스 윤리학. 서광사.
Aristotle. The Nicomachean Ethics. Translated by. W. D, Ross(1980). Oxford: Oxford University Press.
Aristotle. Metaphysics. The works of Aristotle, Vol. 8, Translated by. W.D, Ross(1966). Oxford: Oxford University Press.
Baldwin, E. E.(1984).The nature of home economics curriculum in secondary schools. Doctoral dissertation. The Oregon State University.
______(1990). Family empowerment as a focus for home economics education. *Journal of Vocational Home Economics Education, 8*(2), pp. 1-12.
______(1991). The home economics movement: A new integrative paradigm. *Journal of Home Economics, 83*(4), pp. 42-49.
Ball, T.(1977). ***Political theory and praxis: New perspective***. Minneapolis: University of Minnesota Press.
Barns, J.(1982). ***Aristotle***. Oxford: Oxford University Press.
Bobbitt, N.(1989). Summary: Approaches to Curriculum development. In AHEA (1989), ***Home Economics concepts: A base for curriculum development***, Alexandria, VA: American Home Economics Association, pp. 43-47.
Brown, M. M.(1978). ***A Conceptual Scheme and Decision-Rules for the Selection and Organization of Home Economics Curriculum Content***, Madison WI: Wisconsin Department of Public Instruction.
______(1980). ***What is Home Economics Education?*** Minnesota Research and Development Center for Vocational Education.
______(1985). ***Philosophical studies of home economics in the United States: Our practical-intellectual heritage***. Michigan State University. East Lansing, MI: Michigan State University.
______(1986). Home economics: A practical or technical science? In Laster, J. F & Doner, R.(Ed). ***Vocational home economics curriculum: State of the field***. Teacher Education Section, American Home Economics Association.
______(1993). ***Philosophical studies of home economics in the United States***. East Lansing, MI: Michigan State University.
Brown, M. M. & Paolucci, B.(1979). ***Home Economics: A Definition***. Washington,

DC: American Home Economics Association.

Bruner, J. S.(1960). *The process of education*. Boston, MA: Harvard University Press.

Carr, W.(1995). *For Education*. Buckingham: Open University Press.

Carr, W. & Kemmis, S.(1986). *Becoming critical*. London: The Falmer Press.

Coomer, D., Hittman, L. & Fedje, C.(1997). Questioning: A teaching strategy and everyday life strategy. In J. Laster & R. Thomas(Eds), *Family and Consumer Sciences Teacher Education: Yearbook 17*. Thinking for ethical action in families and communities. Peoria, IL: Glencoe/McGraw-Hill.

Costa, A. L., & Liebmann, R. M.(Eds.) (1997). *Envisioning process as content: Toward a renaissance curriculum*. Thousand Oaks, CA: Corwin.

East, M.(1980). *Home economics, Past, present, and future*. Boston, MA: Allyn and Bacon.

Eisner, E. W.(1985). Five basic orientations to the curriculum. In E. W. Eisner(Ed.), *The educational imagination*. New York: Macmillan.

Elizabeth, J. H. & June, P. Y.(2002). *Communicating Family And Consumer Sciences*. The Goodheart-Willcox Co.

Fedje, C. G.(1998). Helping learners develop their practical reasoning. In Thomas, R. G., & Laster, J. F. *Inquiry into thinking*. Education and Technology Division, American Association of Family and Consumer Sciences.

Freire, P.(1984). *Pedagogy of oppressed*. New York: Continuum.

Giroux, H.(1989). *Schooling for democracy, critical pedagogy in the modern age*. London: Routledge.

Granovsky, N. L.(1997). New paradigm of home economics for the 21st century: Challenges and perspectives. Keynote speech at the 9th conference of Asian regional Association for Home Economics.

Habermas, J.(1971). *Knowledge and human interests*. Translated by J. Shapiro. Boston, MA: Beacon Press.

______(1973). *Theory and practice*. Translated by J. Viertel. Boston, MA: Beacon Press.

______(1979). *Communication and evolution of society*. Translated by T. McCarthy. Boston, MA: Beacon Press.

______(1984). *The theory and communicative action*. Reason and the rationalization of society. Vol. 1. Translated by T. McCarthy. Boston, MA: Beacon Press.

______(1987). *The theory and communicative action. Lifeworld and system: A critique of functionalist reason*. Vol. 2. Translated by T. McCarthy. Boston, MA: Beacon Press.

Hartmann, N.(1932). *Ethics*, Vol. 2, Translated by Coit, S. London: George Allen & Urwin.

Hauxwell, L. & Schmidt, B. L.(1999). Developing curriculum using broad concepts. In Johnson, J. and Fedje, C. (1999). *Family and Consumer Sciences Curriculum: Toward a Critical Science Approach. AAFCS Teacher Education Section Yearbook 19*. Alexandria, VA: American Association of Family and Consumer Sciences.

Hittman, L., & Brodacki-Thorsbakken, P.(1993). *The book of questions*. Unpublished manuscript.

Hultgren, F. H.(1982). Reflectingon the meaning of curriculum through a hermeneutic interpretation of student-teaching experiences in home economics. Doctoral dissertation, The Pennsylvania State University.

International Federation for Home Economics (2008), IFHE Position Statement: Home Economics in the 21st Century.

Johnson, J. & Fedje, C.(1999). *Family and Consumer Sciences curriculum: Toward a critical science approach*. Education and Technology Division, American Association of Family and Consumer Sciences.

Kister, J., Laurenson, S., & Boggs, H.(1994). *Nutrition and wellness resource guide*. Ohio Department of Education.

Knippel, D.(1998). Practical reasoning in the family context. In Thomas, R. G. & Laster, J. F.(ed)(1998). *Inquiry into thinking*. American Association of Family and Consumer Sciences.

Kowalczyk, D., Neels, N., & Sholl, M.(1990). The critical perspective: A challenge for Home Economics teachers. *Illinois Teacher, May/June*, pp. 174-177, 180.

Laster, J. F.(1982). Practical Action Teaching Model. *Journal of Home Economics, Fall*. pp. 41-44.

______(2008). Nurturing Critical Literacy through Practical Problem Solving, *Journal of the Japan Association of Home Economics Education, 50*(4), pp. 261-271.

Laster, J. F. & Dohner, R. E.(1986). *Vocational Home Economics Curriculum: State of the Field*. AHEA.

Laster, J. F. & Thomas, R. G.(ed)(1997). *Thinking for ethical action in families and communities*. AAFCS.

Lobkowicz, N.(1967). *Theory and practice: History of a concept from Aristotle to Marx*. Notre Dame, Indiana: University of Notre Dame Press.

MacIntyre, A.(1984) *After Virtue*. Notre Dame: University of Notre Dame Press.

Martin, J. L.(1998). Practical reasoning instruction in the secondary family and consumer sciences education. In Thomas, R.G. & Laster, J.F.(ed)(1998). *Inquiry into thinking*. American Association of Family and Consumer Sciences.

Montgomery, B.(2008). Curriculum development: a critical science perspective. *Journal of Family and Consumer Sciences, 26*, 1-16.

National Association of State Administrators for Family and Consumer Sciences Education(1998). *National Standards for Family and Consumer Sciences Education.*

______(2008). *National Standards for Family and Consumer Sciences*. 2nd Edition.

The Ohio State University(1997). Ohio Vocational Competency Assessment: Resource Management.

Olson, K.(1999). Practical reasoning. In Johnson, J. & Fedje, C.(1999). *Family and Consumer Sciences curriculum: Toward a critical science approach*. Education and Technology Division, American Association of Family and Consumer Sciences.

Oregon Department of Education(1996a). *Family and consumer science studies curriculum for Oregon middle schools*.

______(1996b). *Balancing work, family, and community life*.

Peters, R. S.(1967). *Ethics and education*. Scott, Foresman and Company.

Reid, W. A.(1979). Practical reasoning and curriculum theory: In search of a new paradigm. *Curriculum Inquiry, 9*, pp. 187-207.

Rettig, K. R.(1998). Families as contexts for thinking. In Thomas, R. G. & Laster, J. F.(ed)(1998). *Inquiry into thinking*. American Association of Family and Consumer Sciences.

Ross, W. D.(1949). *Aristotle*. London: Methuen & Co., Ltd.

Rowe, C. J.(1971). *The Eudemian and Nichomachean Ethics*. Proceedings of the Cambridge Philological Society.

Schubert, W. H.(1986). *Curriculum: Perspective, paradigm, and possibility*. New

York: Macmillan.

Schwab(1970). *The practical: A language for curriculum.* Washington D.C.: National Education Association.

Selbin, S.(1999). Developing Questions in a Critical Science. In *Family and Consumer Sciences Curriculum: Toward a Critical Science Approach*. AAFCS Teacher Education Section Yearbook 19. Alexandria, VA: American Association of Family and Consumer Sciences.

Staaland, E. & Strom, S.(1996). *Family, Food, and Society: A Teacher's Gide*. Wisconsin Department of Public Instruction.

Thomas, R. G. & Laster, J. F.(ed)(1998). *Inquiry into thinking*. American Association of Family and Consumer Sciences.

Thorsbakken, P. & Schield, B.(1999). Family systems of action. In Johnson, J. & Fedge, C. G.(ed)(1999). *Family and consumer sciences curriculum: Toward a critical science approach*. AAFCS.

Walker(1971). The process of curriculum development; A naturalistic methods. *School Review, 80*, pp. 51-65.